Der perfekte Familienhund

Zum Erfolg mit dem DogCoach-Team™

ENRICO LOMBARDI
THOMAS BÖHM

blv

Inhalt

Was wir Ihnen sagen möchten 7

Vom Hof in den Schoß 8

Familie und Hund: Wie passt das zusammen? 10
So kam der Mensch auf den Hund 12
Ein Anschluss unter jeder Nummer 15
Welcher Hund passt zu mir? 19
Ein teures Vergnügen? Was ein Hund kostet 37

Kommunikation: mehr als ein »Wau« 40

Die Sprache der Hunde 42
Die Körpersignale der Hunde 44
Begegnungen mit Zwei- und Vierbeinern 49

Das Zusammenleben mit dem Hund 54

Bindung aufbauen – von Anfang an 56
Auf die Plätze, fertig, los – die Grundkommandos 65
Zuckerbrot und Peitsche: belohnen und strafen 72
Jeder an seinem Platz 77
Trainingshilfsmittel: ein Kong für alle Felle 80
Andere Heimtiere – wie funktioniert das? 92

Der Hund im – keinesfalls grauen – Alltag 96

»Online« – unterwegs in der Stadt 98
Leine los! Unterwegs im Auslaufgebiet 104
Hund allein zu Haus 111
Daheim und auswärts: Essen mit Hund 113

Was Hunden Spaß macht 116

Mensch, spiel mit mir! 118
Wasser marsch! Badespaß für Hunde 125
Schönste Zeit des Jahres: Urlaub mit Hund 127

Ernährung und Pflege: alles, was der Hund braucht 134

Fütterung: Ausgewogen muss sie sein 136
Ein Muss: Fell- und Körperpflege 142
Was tun, wenn der Hund krank ist 147
Abschied nehmen in Würde 155

Anhang

Test 1: Welcher Hund passt zu mir und meiner Familie? 158
Test 2: Bin ich ein guter Rudelführer? 164
Stichwortverzeichnis 171
Über die Autoren 174

Vorwort

Was wir Ihnen sagen möchten

Wir behaupten einfach mal: Nur mit einem Hund ist eine Familie komplett. Zumindest eine mit tierliebenden Menschen. Aber eine Familie wird erst eine funktionierende Gemeinschaft, wenn das Zusammenspiel der einzelnen Familienmitglieder harmonisch ist, wenn sie sich gegenseitig verstehen, respektieren und ergänzen, wenn sich alle ihrer Pflichten und Verantwortung bewusst sind. Das gilt ganz besonders in Bezug auf das vierbeinige Familienmitglied.

Ein Hund kann jedem einzelnen in der Familie, besonders den Kindern, viel Freude bereiten und Spaß bringen, er kann in stressigen Situationen sogar ausgleichend und entlastend wirken. Und er bleibt immer ein treuer Freund – wenn man ihn artgerecht behandelt.

Doch das Zusammenleben funktioniert nicht von allein und auch nicht von heute auf morgen. So ist es eben im Leben: Erst kommt die Arbeit, dann das Vergnügen. Und bei dieser Arbeit werden wir Sie mit diesem Ratgeber nach Kräften unterstützen – den Spaß mit Ihrem Vierbeiner können Sie dann wieder ganz allein genießen. Betrachten Sie uns als nützliche Begleiter für Zuhause, im Alltag und in der Freizeit. Wir helfen Ihnen dabei, aus dem andersartigen Wesen »Hund« einen ausgeglichenen, freundlichen Familienhund zu machen, der sich auch mit anderen Haustieren versteht und Ihnen – agil und gesund – möglichst lange erhalten bleibt! Und der sich vor allen Dingen mit Kindern versteht!

Kleine Zweibeiner und große Vierbeiner zeigen im Verhalten viele Gemeinsamkeiten. Beider Sprachen sind körperlich, sie handeln instinktiv und direkt und vor allen Dingen: Sie spielen gern – körperlich meist »auf Augenhöhe«. Kinder und Hunde können voneinander lernen, wenn sie dazu angeleitet werden. Durch einen Hund können Kinder sogar lernen, Verantwortung im Leben zu tragen, und zwar nicht nur bei der Pflege und der Fütterung. Beziehen Sie Ihren Nachwuchs bei der Anschaffung und später auch in die Erziehung des Hundes mit ein, zumindest bei den leichten Übungen. Aber behalten Sie bitte immer alles – d. h. Hund und Kind – im Auge. Sie müssen zu jeder Zeit und in jeder Lage der Rudelführer sein. Dieser Ratgeber soll Ihnen dabei helfen, einer zu werden.

Lernen Sie mit uns die Sprache, die Signale der Hunde kennen. Denn nur, wenn Sie diese verstehen, sind Sie und Ihre Kinder in der Lage, auf Ihren Vierbeiner richtig einzuwirken, ihn zu führen und ihn sicher durch den Alltag zu bringen. Wir lindern die Qual bei der Wahl des richtigen Hundes, wir unterstützen Sie dabei, wenn es darum geht, eine enge und feste Bindung zu Ihrem vierbeinigen Familienmitglied aufzubauen. Weil das einfach die wichtigsten Grundlagen sind, um mit einem Hund harmonisch zusammenzuleben.

Mit vielen professionellen Tipps und Tricks wollen wir Ihre Arbeit bei der Erziehung, dem Training und den vielen Übungen erleichtern, Ihnen Wege und Möglichkeiten aufzeigen, Ihren »wilden Gesellen« in den Griff zu kriegen. Aber nicht nur das: Die richtige Ernährung und die artgerechte Pflege Ihres Hundes liegen uns ebenso am Herzen wie die Erziehung. Deshalb stehen wir Ihnen auch in diesem Bereich mit Rat und Tat zur Seite.

Dieser Ratgeber ist nicht nur ein Helfer im Alltag, er fordert Ihnen auch einiges ab, lieber Leser. Am Ende dieses Buches warten zwei Tests auf Sie. Mit ihrer Hilfe können Sie Ihr Wissen noch einmal überprüfen. Betrachten Sie die Tests ruhig als Familienangelegenheit. Beantworten Sie unsere Fragen gemeinsam mit Ihren Kindern. Das macht mehr Laune, mit Sicherheit.

Jetzt wünschen wir Ihnen aber erst einmal viel Spaß beim Lesen. Wir, die Autoren, hatten ihn beim Schreiben auf jeden Fall. Einfach, weil uns Hunde sehr viel Spaß machen. Wir garantieren: genauso wie Ihnen!

Vom Hof in den Schoß

Seit über 10.000 Jahren begleitet der Hund den Menschen. Stets hat er sich an dessen Bedürfnisse angepasst. Die kulturelle Weiterentwicklung des Menschen stellt auch an seinen vierbeinigen Freund immer wieder neue Anforderungen. Erst im letzten Jahrhundert entwickelte sich das bisherige »Arbeitstier«, das die Herden hütete oder den Hof bewachte, zum Sozialpartner und Familienmitglied.

Vom Hof in den Schoß

Familie und Hund: Wie passt das zusammen?

Der sportliche Ehrgeiz des Vaters, die Fürsorge der Mutter, die stetigen Spielaufforderungen der Kinder – ein Hund muss sich in der Familie an deren unterschiedliche Mitglieder und deren Besonderheiten anpassen können. Wie vielseitig und anspruchsvoll seine Rolle ist, soll anhand von verschiedenen Begriffen erläutert werden.

Der Begriff »Familienhund« ist eine moderne Bezeichnung für das neue Aufgabengebiet des Haushundes. Gesucht wird ein Vierbeiner mit einer Wesensart, die sich gut in das Familienleben einfügt, besonders kinderfreundlich ist und auch mit anderen Haustieren harmoniert. Von Natur aus vorhandene Eigenschaften, wie der Jagdtrieb oder eine geringe Reizschwelle zur Verteidigung des Eigentums, sind unerwünscht. Ein Familienhund soll außerdem möglichst lange leben sowie in dieser Zeit physisch und psychisch robust sein.

Auch wenn es bestimmte Rassen gibt, die als Familienhunde besonders beliebt sind, ist die Eignung für diesen Zweck nicht rassegebunden. Ein als angenehm empfundener Familienhund ist vielmehr das Ergebnis von Sozialisation, Erziehung und Ausbildung. Um dieses Ziel zu erreichen, müssen auch Sie als Hundehalter erzieherisch tätig werden!

Der ideale Begleiter

Immer wieder hört man das Wort »Begleithund«. An bestimmte Hunderassen ist dieser Begriff ebenfalls nicht gekoppelt. Mit einer geeigneten Persönlichkeit und der entsprechenden Ausbildung kann jeder Hund, unabhängig von der Rasse, zum Begleithund werden.

Ein Begleithund muss eine Prüfung bestehen, in deren Rahmen Hund und Halter nachweisen, dass sie als Team verschiedenste Alltagssituationen bewältigen können. Diese Prüfung ist unter unter dem Begriff »Begleithundeprüfung« oder »Hundeführerschein« bekannt. Lohn für eine bestandene Begleithundeprüfung: In einigen Kommunen ist die Hundesteuer dann ermäßigt.

Für die Prüfung weist der Hundehalter zunächst in einem schriftlichen Test nach, dass er über Kenntnisse in der Hundehaltung verfügt. Der praktische Teil besteht aus drei Komponenten mit unterschiedlichen Schwierigkeitsgraden.

▌ Zuerst wird in ruhiger Umgebung getestet, ob der Halter seinen Hund in unterschiedlichen Situationen kontrollie-

Mutter, Kind und Hund. Dieses harmonische Miteinander ist das Ergebnis von viel Training und Vertrauen.

ren kann. Dazu gehören die Grundkommandos »Sitz«, »Platz«, und »Steh«, das Laufen an lockerer Leine sowie das Ein- und Aussteigen aus einem Fahrzeug.
- Der zweite Prüfungsteil findet in öffentlichen Parks statt. Hier werden die Übungen des ersten Teils unter ablenkenden Reizen, etwa im Beisein von anderen Hunden, Joggern und Radfahrern, wiederholt.
- Im dritten und letzten Teil der Prüfung geht's in eine laute und belebte Innenstadt. Hier werden das Verhalten in der Öffentlichkeit und der Erziehungsstand des Hundes abschließend beurteilt.

Was ist ein Gesellschaftshund?

Zu den Gesellschaftshunden werden die Hunderassen gezählt, die der Mensch nur zu seinem eigenen Vergnügen hält und die als Sozialpartner fungieren. Die prominentesten Vertreter sind der Mops und der Chihuahua, aber auch Malteser und Bologneser gehören dazu. Durch ihre tollpatschige, manchmal auch freche Art, durch ihr »witziges« Aussehen und ihr fröhliches Wesen belustigten sie die adligen Herrschaften und vertrieben ihnen die Zeit.

Gesellschaftshunde wurden nicht erzogen. Sie wurden klein gezüchtet und waren durch ihre körperliche Unterlegenheit einfach zu kontrollieren. Der preußische König Friedrich der Große (1712–1786) ging als einer der ersten großen Fans von Gesellschaftshunden in die Geschichte ein. Er hielt bis zu 70 Windspiele. Diese Hunde wurden von seinen Bediensteten gesiezt. Sogar als er im Sterben lag, galt seine ganze Aufmerksamkeit seiner geliebten »Superbe«, die zitternd vor Kälte neben ihm lag, und er befahl, ihr ein Kissen zu holen. Das bekannte Zitat »Hunde haben alle guten Eigenschaften des Menschen, ohne gleichzeitig ihre Fehler zu besitzen« stammt von ihm. Er und seine Hunde fanden in schlichten Gruften im Park von Sanssouci in Potsdam ihre letzte Ruhe. Auch die englische Königin Elizabeth II. ist für ihre große Liebe zu kleinen Hunden bekannt. Mehrere Corgis und Dorgis (Mischungen aus Dachshund und Corgi) pflegt Ihre Majestät gegenwärtig hingebungsvoll, eine Erziehung genossen sie allerdings zunächst nicht. Das führte dazu, dass sie vor einigen Jahren in die Schlagzeilen gerieten, als sie die Bediensteten attackierten. Die Hunde wurden als gefährlich eingestuft und standen kurz vor der Einschläferung. Erst als der englische Tierarzt und Hundeverhaltenstherapeut Dr. Roger Mugford die Hundeerziehung bei Hofe einführte, war die Gefahr für das Personal gebannt, die kurzbeinigen Lieblinge dürfen nun weiter über die Flure von Buckingham Palace rennen.

Prominentester Vertreter heutiger Schoßhunde ist Tinkerbell. Der kleine Chihuahua sorgt als ständiger Begleiter auf dem Arm der Hotel-Erbin Paris Hilton für Schlagzeilen. Inzwischen soll sie 17 Hunde besitzen. Oft teure und seltene Rassehunde sollten in früheren Zeiten ebenso wie heute das Ansehen ihrer Besitzer heben – sie waren und sind regelrechte Statussymbole. Darüber hinaus sind Hunde auch zum besten Freund des Menschen geworden. Der Familienhund ist somit eine Mischung aus Gesellschafts- und Begleithund, gut erzogen, sozialisiert – ein verlässlicher Partner auf vier Pfoten.

Der Mops ist ein sehr beliebter Gesellschaftshund. Aber ein Partner auf Augenhöhe wird er nie werden.

Vom Hof in den Schoß

So kam der Mensch auf den Hund

Über die Abstammung des ältesten Haustieres des Menschen herrschte lange Zeit Ungewissheit. Nach neuesten Erkenntnissen soll der Urhund vor etwa 15.000 Jahren im ostasiatischen Raum gelebt haben. Ab da beginnt die Erfolgsgeschichte des Hundes an der Seite des Menschen.

Erste Knochenfunde in einem rund 14.000 Jahre alten Doppelgrab bei Oberkassel in der Nähe von Bonn weisen auch im mitteleuropäischen Raum bereits auf die enge Bindung zwischen Mensch und Hund hin. Das erste gut erhaltene Hundeskelett fand man im Senckenberger Moor in der Nähe von Frankfurt. Weitere Funde gibt es in Israel (vor 12.000 Jahren), Russland und Amerika (vor 10.000 Jahren). Das bestätigt die Theorie, dass Hunde schon in der Frühzeit als Haustier sehr beliebt waren und im Rahmen der Völkerwanderungen die ganze Welt eroberten. Bereits in der Antike – so belegen Zeichnungen und Malereien, aber auch Geschichten und Erzählungen – bestand ein inniges Verhältnis zwischen Hund und Mensch. Unvergessen ist die von Homer überlieferte Sage des Odysseus. Darin beschreibt der Dichter eine Szene, in der der Held nach Jahren heimkehrt und trotz Verkleidung von seinem Hund wiedererkannt wird. Eine im algerischen Gebirge entdeckte Felszeichnung belegt, dass Hunde schon frühzeitig Aufgaben an der Seite des Menschen erfüllen mussten – im Krieg wurden vor allem kräftige Hundetypen im Kampf gegen den Feind eingesetzt.

Bei den Ägyptern erfreute sich der Hund ebenfalls großer Beliebtheit. Selbst manchen ihrer Götter verliehen sie ein hundeähnliches Aussehen. Wer einen Hund misshandelte, wurde mit körperlicher Züchtigung bestraft, wer einen Hund tötete, wurde mitunter selbst hingerichtet. So ähnlich hielten es auch die Perser. Sie bezeichneten den treuen Vierbeiner als »Hüter der Herden und Beschützer der Menschen«.

Die Römer begannen als Erste, Hunderassen systematisch zu züchten. Besonders begehrt: große und kräftige Hunde, die entweder in Gladiatorenkämpfen oder – wie die auch schon bei den Griechen bekannten Molosser – im Krieg zum Einsatz kamen. Bei den damaligen Zuchtzielen spielte das Aussehen eine untergeordnete Rolle. Vielmehr ging es um die entsprechende Größe und bestimmte Charaktereigenschaften. Neben Herdenschutzhunden durften nun auch Hunde, die die Herden zusammenhielten, ihre Arbeit zum Wohle des Menschen aufnehmen. Ein Mosaik mit der Inschrift »Cave Canem« – Warnung vor dem Hunde –, das im italienischen Pompeji entdeckt wurde, beweist außerdem, dass die Vierbeiner auch als Wachhunde beliebt waren. Solche Hunde konnten sich allerdings nur reiche Bürger halten, die ärmere Bevölkerung begnügte sich mit wachsamen Gänsen.

Die Germanen brauchten ihre Hunde für Viehtrieb, die Jagd und auch für den Krieg. Archäologen fanden bestattete Tiere unter Türschwellen und in der Nähe der Häuser. Diese Hunde mussten als rituelle Hofwächter ihr Leben lassen.

Die Entwicklung hin zum reinen Familienhund zog sich über Jahrtausende hin. Im Laufe der Zeit wurde das treue Tier zum Beschützer, Jagdbegleiter, Hüte-, Schäfer- und Treibhund, es war als Kurier und auch Zug- und Lastentier unterwegs. Der Mensch wäre wohl ohne Hunde kaum sesshaft geworden. Erst der Hund ermöglichte die Haltung von Rinder- oder Ziegenherden in unwirtlicher Umgebung. Er wies dem Menschen den Weg und beschützte ihn und seinen Besitz vor Gefahren.

So kam der Mensch auf den Hund

Jagdhunde waren im Mittelalter ein Privileg des Adels – schließlich war auch das Recht, auf Hirsch, Reh und Wildschwein zu jagen, den Adligen vorbehalten.

Gezielte Rassezucht

Launen und Modebewusstsein der Menschen brachten immer wieder neue Hundetypen hervor. Das zunehmende Interesse an Rassehunden führte schließlich zur Gründung von Institutionen, die diese Entwicklungen überwachten, steuerten und weiterentwickelten. Die älteste dieser Art ist der Kennel Club (Deutsch: Zwinger-Verein), der 1873 in England gegründet wurde. Er veranstaltete die ersten Rassehundeausstellungen in englischen Pubs, ein reger Handel mit den begehrten Vierbeinern war die Folge.

Die deutsch-englischen Beziehungen waren gegen Ende des 19. Jahrhunderts nicht nur im politischen, sondern auch im kynologischen Bereich intensiv. So kamen englische Hunderassen, wie die unterschiedlichen Spaniel-Vertreter, nach Deutschland und deutsche Rassen, wie die damals sehr populäre Deutsche Dogge, landeten auf der Insel. Die bereits in England üblichen Hundeschauen wurden zunächst nach Hamburg exportiert und später auch in Stuttgart einem begeisterten Publikum vorgeführt. Am 1. April 1876 erschien mit »Der Hund« die erste Fachzeitschrift Deutschlands. Sie forderte auch für Deutschland kynologische Organisationen nach dem englischen Vorbild des Kennel Club. Der erste Club dieser Art war dann der Deutsche Doggen Club (DDC), der sich 1888 gründete. In der Folge entstand als übergeordnete Organisation ein Vorläufer des VDH (Verband für das Deutsche Hundewesen).

Der VDH ist heute die führende Interessenvertretung aller Hundehalter in Deutschland und der erste Ansprechpartner, wenn es um das Leben mit Hund, den Hundesport oder auch die Hundezucht geht. Er repräsentiert heute mehr als 650.000 Mitglieder und ist die Dachorganisation von bundesweit rund 175 Mitgliedsorganisationen. Über 250 verschiedene Hunderassen werden in den Zuchtvereinen des VDH betreut und unter strengen Kontrollen gezüchtet.

Die über den VDH aufgebaute Struktur des Hundewesens in Deutschland ebenso wie das Entstehen einer auf Hundenahrung spezialisierten Industrie machten die Hundehaltung einfacher und beliebter. Der Hund ist schon längst nicht mehr Nutztier, sondern Partner in fast allen Lebenslagen. Er geht mit zur Arbeit, reist mit in den Urlaub und teilt das Hobby. Der »Aufstieg« unseres geliebten Vierbeiners vom Arbeitstier zum Familienhund hat auch sehr viel mit gesellschaftlichen und wirtschaftlichen Veränderungen zu tun: Der technische Fortschritt macht unser Leben einfacher, aber auch schneller und somit stressiger. Diese Entwicklung ist längst noch nicht abgeschlossen. Für die klassische Familie bleibt immer weniger Zeit, berufliche Anerkennung und Karriere stehen verstärkt

Früher wurden Hunde für die Arbeit gezüchtet. Zughunde zum Beispiel transportierten schwere Lasten. Mittlerweile haben Maschinen ihnen diese Arbeit abgenommen.

Vom Hof in den Schoß

Kuschelfaktor Hund. Aber das vierbeinige Familienmitglied ist viel mehr als das. Ein Hund kann ein guter Spielkamerad für das Kind sein – wenn seine Bedürfnisse respektiert werden. Kinder können über den Hund auch sehr schnell lernen, Verantwortung zu tragen.

im Vordergrund. Gleichwohl bleibt das Bedürfnis nach Fürsorge und Erziehung erhalten. Und dafür steht nun der Familienhund bereit: Sein Wesen, seine Mimik, sein besonders im Welpenalter tollpatschiges Verhalten, seine unbedingte Treue, seine Fröhlichkeit, seine Spielfreude und absichtslose Dankbarkeit lösen bei uns den »Eltern-Reflex« bzw. »Mutter-Instinkt« aus, bei den Kindern den Kuschelfaktor.

Für die Kinder ist der Hund gleichzeitig auch ein Spielkamerad, Eltern können über den Hund ihren Kindern Verantwortung beibringen und so Sozialverhalten üben. Der Hund ist für viele aber auch Ergänzung und Ausgleich im gestressten Alltag. Ein Hund ist genügsam, anpassungsfähig und vor allen Dingen immer verfügbar. Das unterscheidet ihn auch von einer Katze oder einem Kaninchen und macht ihn als Familienmitglied unschlagbar. Die Zahlen sprechen für sich: 5,3 Millionen Hunde wurden im vergangenen Jahr in Deutschland gezählt. In über 15 Prozent aller Haushalte tobt ein Hund herum. Und mit jedem Tag werden es mehr…

Ein Anschluss unter jeder Nummer

Ein Single mit Hund hat eine ganz andere Beziehung zu seinem vierbeinigen Partner als Menschen, die in einer Familie mit Kindern und Hund leben. Der Hund ist anpassungsfähig. Für ihn spielt es keine Rolle, wie groß »sein« Rudel mit dem Namen »Familie« ist. Für ihn ist es nur wichtig, dass er einen festen Platz in der Rangordnung besetzt und dass es Personen gibt, an denen er sich orientieren kann. Das Wichtigste in der Hundeerziehung ist, dass alle an einem Strang ziehen. Jede noch so kleine Erziehungslücke wird nämlich konsequent genutzt. Das haben Hunde mit Kindern gemeinsam.

Der Hund im Kinderhaushalt

Hunde sind sehr sensible Wesen. Sie bemerken schon die geringsten Veränderungen in ihrem Umfeld. Wenn eine Frau schwanger wird, produziert ihr Körper Hormone, Verhalten, Körpersignale und Gerüche verändern sich. Der Hund spürt das und reagiert verunsichert. Verhalten Sie sich Ihrem Hund gegenüber so, als ob nichts Ungewöhnliches passiert. Wenden Sie sich ihm während der Schwangerschaft genauso zu wie vorher. Das beruhigt das vierbeinige Familienmitglied.

Bevor Ihr Baby zur Welt kommt, sollten Sie Ihren Hund behutsam darauf vorbereiten. Reduzieren Sie einen Monat vor der Geburt einige seiner Ressourcen: Er darf nicht mehr in bestimmte Zimmer, darf nicht mehr auf das Sofa und wird häufiger ignoriert. Ist der Nachwuchs dann zu Hause, heben Sie diese Tabus wieder auf. Nehmen Sie den Hund mit in das Kinderzimmer, reichen Sie ihm ein Leckerli oder sein Lieblingsspielzeug. So lernt der Hund, dass die Anwesenheit des Kindes für ihn etwas Positives bedeutet. Der Hund sollte das Baby auch beschnuppern dürfen, es darf nicht zum Tabu erklärt werden. Denn das macht das vierbeinige Familienmitglied nur noch neugieriger auf das zweibeinige Familienmitglied. Er wird sich in der Folgezeit verstärkt bemühen, an das Baby heranzukommen. Das kann für alle stressig werden und gleich zu Beginn das harmonische Miteinander erschweren.

Genauso wie Kinder auf einen Hund als neues Familienmitglied vorbereitet werden sollten, ist es auch umgekehrt. Fördern Sie den Kontakt zwischen beiden, aber lassen Sie Hund und Kind niemals alleine! Es könnte in missverständlichen Situationen zu Verletzungen kommen:

- Ein **Baby** hat beispielsweise einen natürlichen Greifmechanismus. Ist der Hund in der Nähe, packt es mit den Händen zu und will den Hund festhalten. Nicht jedes Tier akzeptiert das, mancher Vierbeiner versucht, sich zu entziehen. Schon ein mittelkräftiger Hund kann das Baby mitziehen, den Kinderwagen dabei umreißen oder das Baby fällt aus dem Wagen. Verletzungsgefahr!

Kleinkinder und Hunde sollten nie allein sein. Hier hat der Hundehalter eine Aufsichtspflicht.

Andere Hunde reagieren aggressiv. Das macht der Hund nicht, weil er böse ist. Er zeigt damit nur, dass er mit der Situation nicht einverstanden ist. Bis ein Hund beißt, sendet er viele Signale aus, die Sie beachten müssen: Sein Blick wird starr und er fokussiert. Er springt das Baby an, hält sich mit der Schnauze an Kleidungsstücken fest, stupst in den Hals- oder Nackenbereich des Kindes. Er zieht die Lefzen hoch, er fixiert in abgeduckter, liegender Haltung, fängt an zu knurren und zu bellen.

Zeigt Ihr Hund gegenüber dem Nachwuchs dieses Verhalten, müssen Sie den Kontakt sofort unterbrechen. Aber bestrafen Sie Ihren Hund nicht. Sonst assoziiert er mit dem Kind nur noch Negatives und wird auch in Zukunft aggressiv reagieren. Rufen Sie ihn zu sich, lenken Sie ihn ab, spielen Sie mit ihm. Ganz wichtig: Finden Sie heraus, warum Ihr Hund so reagiert hat und versuchen Sie diese Situation präventiv zu verhindern.

- Auch **Kleinkinder** sollten nie mit dem Hund alleine gelassen werden. Kinder verhalten sich anders als Erwachsene, sie sind viel lauter und hektischer. Diese Art der Kommunikation ist für den Hund fremd, daran muss er sich gewöhnen.

Positiver Einfluss auf das Hund-Kind-Verhältnis

In der Regel reagiert ein Hund gegenüber einem Kind sanfter als gegenüber einem fremden Erwachsenen, gerade von »kleinen Menschen« im Baby- und Krabbelalter lässt er sich viel mehr gefallen. Nehmen Sie sich in Ihren Reaktionen zurück. Bevor ein Hund dem Kleinen gegenüber die Zähne zeigt, muss schon viel passieren.

Der Hund merkt natürlich sofort, dass das Kind in der Rangordnung keine Führungsrolle übernimmt, da es keine Entscheidungen trifft. Das macht aber überhaupt nichts, denn der Hund gliedert sich nicht hierarchisch in ein Rudel ein, sondern baut zu jedem einzelnen Mitglied eine persönliche Beziehung auf.

Das Kind muss also von Ihnen nicht positioniert, sondern einfach in das Rudel integriert werden.

Sie können Ihrem Hund ein positives Verhalten gegenüber dem Kind antrainieren: Wenn Ihr Kind den Hund leicht streichelt, schenken Sie Ihrem Vierbeiner gleichzeitig ein Leckerli. Will der Nachwuchs den Hund »bekrabbeln«, erhöhen Sie die Leckerli-Dosis. Zieht der Kleine am Fell, geben Sie dem Hund noch einmal einen Bonus. Damit wird Ihr Hund gegenüber dem Fellziehen positiv gestimmt sein. Der Hund darf aber niemals Spielzeug für das Kind und das Kind darf niemals Spielzeug für den Hund sein! Rückzugsgebiete schaffen.

Auch Ihr Kind muss den richtigen Umgang mit dem Hund lernen. Ihr Vierbeiner benötigt ein Rückzugsgebiet, das für den Nachwuchs tabu ist, sonst fühlt sich das Tier schnell in die Enge getrieben. Spielaufforderungen seitens des

FAMILY-TIPP

Reduzieren Sie die Ressourcen des Hundes, bevor Ihr Baby zur Welt kommt. Ist das Baby zu Hause, stehen sie ihm wieder zur Verfügung. So verbindet er das Kind mit etwas Positivem. Lassen Sie den Kontakt des Hundes mit dem Baby zu.

Lassen Sie Hund und Kleinkind nie unbeobachtet.

Es ist die natürlichste Sache der Welt, dass sich Eltern mehr um den neuen zweibeinigen als um den vierbeinigen Nachwuchs kümmern. Aber der Hund sollte niemals zum »fünften Rad am Wagen« werden!

Kindes sollten Sie beobachten. Wenn Ihr Hund keine Lust zum Toben hat, müssen Sie Einfluss nehmen und die Sache abbrechen. Zerrspiele zwischen Kind und Hund sollten ganz unterbunden werden, da es dabei um Durchsetzen von Vorteilen geht. Es wird getestet, wer seinen Gegenstand verteidigen kann und sich gegenüber dem anderen behauptet. Dabei kann ein Hund schnell »maulgreiflich« werden und in die Hand oder das Gesicht schnappen. Dieses Verhalten hat nichts mit Aggression zu tun, sondern nur mit einem unangebrachten Trick des Hundes, der für das Kind aber schmerzhaft enden kann. Apportieraufgaben und gemeinsame »Schatzsuche« eignen sich viel besser, um die Bindung zwischen Kind und Hund zu festigen. Ihr Hund sollte keinen freien Zugang zum Kinderzimmer erhalten, sondern nur unter Ihrer Aufsicht und Kontrolle den Nachwuchs besuchen. Hat Ihr Kind den vierten Geburtstag gefeiert, darf es schon mal die Fütterung übernehmen. So lernt der Nachwuchs, Verantwortung zu übernehmen. Spaziergänge ganz allein mit dem Familienhund sollten Sie Ihrem Kind erst erlauben, wenn es auch in der Lage ist, den Hund zu halten und zu kontrollieren. In der Regel wird das vor dem 12. Lebensjahr nicht der Fall sein.

Größter Kinderwunsch: ein Hund

Haben Sie bereits Kinder und diese wünschen sich ein Hund, sollten Sie ihnen klar machen, dass Hundehaltung auch heißt, Verantwortung zu übernehmen. Was das bedeutet, begreift ein Kind frühestens im Alter von vier Jahren. Überlassen Sie ihm – unter Ihrer Aufsicht – bestimmte Aufgaben wie Spielstunde, Fütterung und Fellpflege. Seien Sie sich aber auch darüber im Klaren, dass Kinder schnell die Lust verlieren können und die Last der Hundeversorgung an Ihnen hängen bleibt.
Bei der Wahl des Hundes darf das Kind natürlich ein Wörtchen mitreden. Die Entscheidung aber sollten Sie treffen. Merken Sie beim Erstkontakt bereits eine defensive Haltung des Tieres gegenüber Ihrem Kind, sollten Sie nichts erzwingen, auch wenn Ihnen und Ihrem Kind der Hund gefällt. Entscheiden Sie sich lieber für ein offenes, spielerisches und neugieriges Hundewesen. Dann haben alle Mitglieder in der Familie mehr davon.

Kommt ein Hund in eine Familie, in der bereits ein Kind vorhanden ist, so gestaltet sich die Einbindung etwas leichter, als wenn ein Baby neu in den Haushalt kommt. In ersterem Fall sind bereits Strukturen vorhanden. Der Hund lernt vom ersten Tag an, wer welche Rolle einnimmt und baut seine individuelle Beziehung zu jedem einzelnen Familienmitglied auf.

Der Hund für den Allergiker-Haushalt

Auch für Allergiker muss ein Hundewunsch heute nicht mehr unbedingt unerfüllt bleiben. Die neuen Rassen, auch

Kleine Kinder, große Hunde – warum nicht. Kindern sollte bei der Anschaffung eines Hundes auf jeden Fall ein Mitspracherecht eingeräumt werden. Das fördert die Beziehung von Anfang an.

Vom Hof in den Schoß

Designer- oder Hybridhunde genannt, sind extra für Allergiker gezüchtet. Ihre Fellstruktur macht sie allergikertauglich.

Seit den 1990er-Jahren gibt es die sogenannten Labra- und Golden-Doodles oder auch Schnoodles. Sie sind eine Kreuzzüchtung aus Pudel und Labrador bzw. Golden Retriever sowie Pudel mit Schnauzer, dieser Mix wird als »Schnoodle« bezeichnet. Ziel dieser Züchtungen war es zunächst, Blinden mit Hundehaarallergie Begleithunde zur Verfügung zu stellen.

Eine Hundehaarallergie ist nicht nur unangenehm, sie ist auch oft nicht berechenbar. Sie kann beispielsweise nur bei bestimmten Rassen auftreten, oder der Allergiker reagiert nur auf einige Hunde, unabhängig von einer Rasse, wieder andere vertragen zwar den eigenen Hund, aber einfach andere nicht.

Meist sind es allerdings gar nicht die Haare, auf die der Allergiker reagiert, es ist viel mehr der am Fell haftende Schweiß, Talg, Speichel und Urin der Tiere, der sensiblen und anfälligen Menschen zu schaffen macht. Die Freisetzung dieser Allergene muss also minimiert werden. Dazu sind zunächst alle Hunde geeignet, die ein langes und gelocktes Fell aufweisen, das keinem Jahreszeitenwechsel unterliegt. Eine solche Fellstruktur lässt nicht viele Hautschuppen und Ausdünstungen frei und bereitet Allergikern somit weniger Probleme.

Aber Vorsicht: Auch wenn die immer populärer werdenden Doodles und Schnoodles für manche Allergiker geeignet sind, so sind sie kein Garant für jeden. Besonders empfindliche Menschen reagieren auch auf diese Hunde, da die Allergene ja nicht ausgeschaltet, sondern lediglich zurückgehalten werden. Bevor Sie sich als Allergiker solch einen Hund zulegen, sollten Sie sich deshalb an den Hund Ihrer Wahl eine Zeit lang beim Züchter oder anderen Hundehaltern langsam herantasten und erst einmal abwarten, wie Sie auf den Vierbeiner reagieren. Testen Sie, ob Sie allergisch reagieren, am besten bei Hundeeltern aus. Suchen Sie den Kontakt, aber nicht nur im Freien, sondern gerade in geschlossenen Räumen. Dabei sollten Sie beachten, dass Welpen noch ein anderes Fell haben als erwachsene Hunde, auf die man unter Umständen anders reagiert.

FAMILY-TIPP

Lassen Sie Ihr Kind bei der Anschaffung des Hundes mit-, aber nicht allein entscheiden. Beobachten Sie genau, wie der Hund auf Ihren Nachwuchs reagiert. Ist er offen und zugänglich, ist das ein gutes Zeichen. Ist er scheu und zurückweisend, reagiert sogar mit Aggressionen, ist Vorsicht geboten, denn hier wird die Gewöhnung zu einer Aufgabe. Lieber noch mal einen anderen Hund »testen«. Vermitteln Sie Ihrem Nachwuchs Folgendes:

- Kinder sollten Hunde beim Fressen nicht stören.
- Kinder sollten sich auch nicht auf den Hund legen.
- Kinder sollten weder am Schwanz, an den Ohren oder den Pfoten ziehen dürfen.
- Kinder müssen den Ruheplatz des Hundes akzeptieren und ihn dort in Frieden lassen.
- Kinder sollten lernen, vor Hunden nicht wegzulaufen.
- Kinder sollten fremden Hunden respektvoll und vorsichtig begegnen.
- Kinder sollten raufende Hunde nicht trennen.
- Kinder dürfen den Hund nicht schlagen, auch nicht mit Spielzeug oder anderen Gegenständen.

Welcher Hund passt zu mir?

Für jeden Topf gibt es den passenden Deckel, aber nicht zu jedem Kopf passt unbedingt ein Teckel! Doch keine Panik, unter den 400 weltweit zugelassenen Hunderassen findet sich bestimmt auch der richtige Hund für Sie, und Mischlinge gibt es schließlich auch noch. Nicht jeder Mensch passt für einen bestimmten Vierbeiner. Und gerade in einer Familie gibt es natürlich unterschiedliche Charaktere. Deshalb prüfen Sie genau, welcher Hundetyp am besten in Ihre Familienstruktur passt und mit Ihnen harmoniert.

Sie sollten sich als Erstes überlegen, ob Sie einen Welpen großziehen möchten, sich mit einem Junghund im Flegelalter anlegen wollen oder lieber einen »gestandenen« Vierbeiner als Partner möchten. Bei einem Welpen haben Sie – flapsig gesprochen – den Vorteil, dass Sie die Software selbst installieren können, bei einem Junghund sind bestimmte Programme schon aktiv und bei einem älteren, ausgewachsenen Hunden könnte das Betriebssystem schon von gemeinen Viren befallen sein. Alles kein Problem und nur eine Frage des Arbeitsaufwands. Sie müssen selbst entscheiden, wie viel Zeit und Nerven Sie investieren können und wollen.

Kinder wünschen sich erfahrungsgemäß eher den Welpen, denn Welpen sind süß. Aber sie erfordern viel Zeit, Geduld und Erfahrung. Entscheiden Sie sich für einen Welpen, so können Sie sich auf schlaflose Nächte freuen. In den ersten Wochen, manchmal Monaten muss der Kleine alle zwei Stunden, auf jeden Fall aber direkt nach der Fütterung raus, bis er stubenrein ist. Wenn Sie einen Garten haben, sichern Sie ihn mit einem Zaun. Da Welpen wegen ihrer weichen Knochen noch keine Treppen laufen dürfen, bedeutet das für Sie: schleppen, schleppen, schleppen. Erst ab der 12. Woche sollten langsam fünf bis zwölf Stufen möglich sein, damit der Hund ein Gefühl fürs Treppensteigen erhält. Die Treppe herunter kann der Welpe dabei ohne Probleme laufen. Nur auf dem Weg nach oben werden die Gelenke strapaziert.

Vorsicht auch mit Steckdosen und Stromkabeln. Legen Sie ausreichend Spielzeug zum Knabbern aus, damit er beim Zahnwechsel sein Kaubedürfnis befriedigen kann. Welpen sind süß und kuschelig, aber sie bedeuten viel mehr Arbeit als ein erwachsener Hund. Gegen einen Welpen spricht

Welpen sind – nicht nur – für Kinder die besten Hunde überhaupt. Aber ein junger Hund bedeutet auch mehr Arbeit und Verantwortung als ein »erwachsener« Hund.

Vom Hof in den Schoß

eventuell, dass Kinder von Anfang an gerne spielen wollen. Da ist ein robustes, ausgewachsenes Tier vielleicht der geeignetere Partner.

Auch die Entscheidung zur Anschaffung eines jungen Hundes, der bereits dem Welpenalter entwachsen ist, sollte gut überlegt sein. Der junge Hund probiert öfter mal seine Grenzen aus – schließlich gibt es auch bei den Vierbeinern Pubertät und Flegeljahre – und testet schon mal gerne die Haltbarkeit des Kinderspielzeugs. Er kann seine Kräfte noch nicht gut einschätzen, was zu Rangeleien zwischen Kindern und Hund führen kann. Die Kinder können so die Lust am Hund rasch verlieren.

Für »Anfänger« unter den Hundehaltern sind ältere Tiere unter Umständen einfacher zu handhaben. Sie haben in der Regel bereits eine gewisse Erziehung erfahren und kennen die Grundbefehle. Auch Kinder profitieren von einem im Umgang mit ihnen erfahrenen Tier, das im besten Fall sogar die Kommandos des Kindes ausführt. Sie haben die Pubertät, die Sturm- und Drangphase, hinter sich, müssen sich nicht mehr mit anderen Hunden messen oder die Rangordnung zu Hause in Frage stellen.

In der Regel sind sie im Wesen gefestigter. Bei älteren Hunden sind Verhalten und Charakter einfacher zu erkennen. So kann man schneller beurteilen, ob der Hund zu einem und zu den Kindern passt oder nicht. Allerdings können sie auch schon ihre Macken haben, die Sie dann in mühevoller Arbeit wieder abtrainieren müssen.

Die Entwicklungsphasen des Hundes

Für uns Menschen wächst und altert ein Hund im Zeitraffer. Viel länger als 15 Jahre wird das geliebte vierbeinige Familienmitglied nicht an unserer Seite sein. Aber diese Jahre sind mit prallem Leben gefüllt, jede Phase eines Hundelebens hat seine Eigenarten und Besonderheiten. Wie in der Kindererziehung müssen wir uns entsprechend dem Alter des Hundes verhalten und pädagogisch einwirken, um ein harmonisches Miteinander in der Familie zu gewährleisten. Wenn Sie sich darauf einstellen können, wird Ihr Familienhund Ihnen viel Freude bereiten und ein zufriedenes glückliches Leben führen.

Der Welpe

Die Herkunft und die Kinderstube beeinflussen das spätere Verhalten des Hundes mehr als seine rassespezifische Zuordnung. Der bewusste und auch unbewusste Einfluss auf das Tier, den der Hund ganz zu Anfang seines Lebens erfährt, stellt zudem die Weichen für seine weitere Entwicklung. Die ersten Lebenswochen sind geprägt von einer sensiblen Lernphase, deshalb auch Prägungsphase genannt. Nutzen Sie also vom ersten Augenblick an die Zeit nach der Anschaffung, um den jungen Hund an seine Umgebung, seine Umwelt und natürlich ganz besonders an seine Bezugspersonen in der Familie zu gewöhnen. Bereits ab dem Welpenalter können sich die Kinder problemlos bei der Pflege und Versorgung beteiligen und schaffen darüber eine zukünftige starke Bindung vom

---

FAMILY-TIPP

Welpen sind süß und kuschelig, aber sie bedeuten viel Arbeit.

Ein Junghund ist bereits stubenrein, aber in der Selbstfindungsphase. Das Zusammenleben bringt einen hohen Erziehungsaufwand mit sich.

Für »Anfänger« sind erwachsene Tiere unter Umständen einfacher zu handhaben.

Hund zum Kind. Gleichzeitig lernt das Kind, sozial verantwortlich zu sein. Bereits ab einem Alter von drei Jahren kann es unter Aufsicht eingebunden werden.

Der Pubertierende

Mit etwa sechs Monaten beginnt die sexuelle Reife des Hundes. Bei großen Rassen kann diese Phase bis zum elften Monat dauern. In dieser Zeit verändert sich die persönliche Einstellung Ihres Hundes gegenüber seiner Umwelt. Es kann durchaus sein, dass der Hund in dieser Phase anfängt, gegenüber den Kindern seine Grenzen auszutesten. Spätestens jetzt sollten klare Regeln und Grenzen gesetzt werden – und zwar zum einen dem Hund, zum anderen aber auch den Kindern im Umgang mit dem vierbeinigen Familienmitglied.

Der junge Hund wächst in dieser Phase nicht nur besonders schnell, auch innerlich finden einige starke Veränderungen statt. Deutlich »spürbar« ist der Zusammenhang zwischen dem Sexualverhalten, bedingt durch die hormonelle Veränderung, und von außen erkennbaren Verhaltensänderungen. Hündinnen testen wie Rüden in der pubertären Phase ihre Grenzen aus, und das bedeutet für Sie: höchste Alarmbereitschaft. Durch den erhöhten Stresshormonspiegel werden Sie Ihr vierbeiniges Familienmitglied oft als ängstlich, aber auch als aggressiv und unkonzentriert erleben. Wie beim Menschen bilden sich im Gehirn neue Synapsen (Verschaltungen), das Tier wirkt sensibel und stressempfindlicher.

Junghunde können anstrengend werden. In der Pubertät schalten sie bei Kommandos gerne auf Durchzug, sind trotzig und aufmüpfig. In dieser Zeit müssen Sie ganz besonders aufmerksam sein, was das Verhältnis zwischen Hund und Kind betrifft. Zwischen beiden kommt es zwar nicht gleich zu Rangordnungskämpfen, aber Hunde sind in dieser Phase sensibilisiert und müssen ein neues Verhältnis zum zweibeinigen Nachwuchs aufbauen. Da sollten Sie unbedingt mit dabei sein und auch steuernd und regulierend einwirken!

Gleichgeschlechtliche Artgenossen werden in dieser Phase zu Konkurrenten. Der durch die sexuelle Reife entwickelte Testosteronhaushalt zeigt sich im gesteigerten Geltungsbedürfnis des jungen Rüden. Seine Aufmerksamkeit ist nun auf die Arterhaltung und den dazu notwendigen Stellenwert fokussiert.

Die erste Läufigkeit einer Hündin findet zwischen dem sechsten und zwölften Lebensmonat statt. Machen Sie sich aber keine Sorgen, wenn Ihre Hündin mit 15 Monaten immer noch nicht läufig war. Manche Hündinnen brauchen einfach ein bisschen länger, bis die erste Läufigkeit beginnt.

Die ersten Anzeichen für eine Läufigkeit sind, dass die Hündin sich vermehrt leckt und putzt. Weiter erkennt man eine Veränderung des Genitalbereiches: Die Vulva, der äußere Scheidenbereich, schwillt an.

Das erwachsene Tier

Mit etwa 24 Monaten gilt ein Hund als erwachsenes Tier. Das heißt jedoch nicht, dass er nun ausgelernt hat. Einen

Welpen wollen eigentlich nur spielen – und können dabei, wenn sie richtig angeleitet werden, jede Menge für das Leben lernen. Besonders in der Prägungsphase.

Vom Hof in den Schoß

Hund zu halten, zu führen und zu erziehen ist eine Lebensaufgabe! Sie sollten deshalb auch immer wieder prüfen, ob das Gelernte noch sitzt oder ob ein paar »Auffrischungsübungen« angebracht sind.

Das erwachsene Tier sollte nun eine gewisse Lebenserfahrung haben und seine Persönlichkeit gefestigt haben. Ihr Familienhund zeigt sich nun in der Regel ausgeglichener, da er auf bereits gesammelte Erfahrungen zurückgreifen kann. So entwickelt er persönliche Sicherheit und ein stabiles Wesen.

Ist Ihr Hund als Welpe zu Ihnen gekommen und hat seine geistige und körperliche Entwicklung abgeschlossen, können Sie mit ihm Hundesport treiben. Viele haben so viel Spaß an diesem Hobby, dass sie mit ihren Hunden an Wettkämpfen teilnehmen und Preise und Pokale mit nach Hause bringen. Die körperlichen und geistigen Anforderungen im Hundesport können Ihren Hund zu einem ausgeglichenen zufriedenen Vierbeiner machen. Auch Kinder sind mit Feuereifer bei solchen Unternehmungen mit dabei.

Graue Schnauze – alter Hund. Hunde-Senioren sind in der Regel sehr ruhig, und das kann auch für »nervöse« Kinder gut sein.

Der Senior

Mit etwa sieben Jahren beginnt bei Hunden der Alterungsprozess. Nun kommt nicht nur die Lebenserfahrung zum Tragen, sondern manchmal auch eine niedrigere Reizschwelle. Da geht es den Hunden nicht anders als uns Menschen. Mit zunehmendem Alter werden auch Menschen häufig intoleranter und lassen Flexibilität vermissen. Manchmal wird diese Entwicklung aber durch eine größere Gelassenheit, «Altersweisheit», ausgeglichen. Bei Senioren nutzen sich die Zähne ab, die Verdauung arbeitet langsamer, Seh- und Hörvermögen lassen nach. Einige Hunde fressen mit zunehmendem Alter schlechter. Der ältere Hund ist weniger aktiv und hat deshalb auch einen geringeren Energiebedarf. Aber selbst wenn ältere Hunde nicht mehr so viel Power haben wie in jungen Jahren, genießen sie weiterhin angemessene Spaziergänge und brauchen den Kontakt mit ihresgleichen. Um den Senior trotzdem auf Trab zu halten, sollten Sie auf seinen Geruchsinn setzen. Suchspiele nach Hundekeksen oder Spielzeug – dabei können Kinder jeder Altergruppe eingebunden werden – strengen Ihren Hund nun genauso an wie die ausgedehnten Fahrradtouren in jungen Jahren. Gerade ältere Hunde werden ruhiger und deshalb auch für die Fürsorge von Kindern empfänglicher.

Welche Rasse hätten Sie denn gern?

Damit in der Familie alles rund läuft und Sie eine gute Beziehung zu Ihrem »Wunschhund« aufbauen können, sollten Sie sich als Ersthundehalter von erfahrenen Züchtern beraten lassen. Jede Rasse hat ihre spezifischen Merkmale, wurde für bestimmte Leistungen und modische Bedürfnisse gezüchtet. Man teilt die verschiedenen Hunderassen in zehn Typen ein, die ab Seite 27 aufgeführt sind.

Sie haben die Qual der Wahl. Jede Rasse hat ihre individuellen Charaktereigenschaften. Überlegen Sie sich vor dem Kauf genau, in welche Richtung es gehen soll. Folgendes sollten Sie bedenken: Ein unterbeschäftigter Border Collie kann zu einem ernsten Problem werden. Ein Jagdhund an der Leine ist von Kindern schwer zu halten und wenn die Freunde der Kinder ständig ein- und ausgehen, sollte nicht unbedingt ein über 60 Kilogramm schwerer Kangal an der Tür stehen.

Ein Mischling, der aus der zufälligen Begegnung von Rassehunden oder »Promenadenmischungen« entstanden ist, ist körperlich und geistig genauso fit wie ein Rassehund. Auch Rassehunde sind schließlich von Natur aus Mischlinge, denn sie sind aus Kreuzungen unterschiedlicher Rassetypen entstanden. Durch gezielte Zucht werden lediglich bestimmte Merkmale veredelt und andere, die nicht der aktuellen Mode entsprechen, verdrängt. Was wir als »Promenadenmischung« bezeichnen, ist nichts anderes als das Ergebnis wilder, natürlicher Kreuzungen. Und dass dabei einmalige Hunde entstehen, ist kein Geheimnis. Wenn Sie also »nur« einen Hund suchen und keinen Spezialisten, sind Sie mit einem Mischling gut bedient.

Auf die richtige Kinderstube kommt es an!

Lassen Sie sich bei der Entscheidung nicht vom Anblick eines süßen, kleinen Welpen verleiten, auch wenn die Kinder danach betteln. Es ist wie beim Autokauf, informieren Sie sich über die zu erwartende Leistung, Unterhaltskosten und Handling, orientieren Sie sich an den Vorläufermodellen – in diesem Fall an den Elterntieren. Wenn Sie sich einen Hund anschaffen, lesen Sie sich die Gebrauchsanweisung genau durch!

- Informieren Sie sich bei anerkannten Verbänden (z. B. VDH) über Züchter. Es gibt natürlich auch seriöse Züchter, die keinem Verband angehören. Recherchieren Sie sorgfältig. Lassen Sie sich Züchterpapiere, Stammbaum, Kennzeichnung, Tätowierungen, Impfpässe und Entwurmungspapiere zeigen.
- Achten Sie darauf, dass die Elterntiere frei von Fehlstellungen im Hüftbereich sind (HD-Prüfung). Diese Bescheinigung kann ein seriöser Züchter vorweisen. Erbkrankheiten wie die Hüftdysplasie kommen besonders häufig bei Retrievern und dem Deutschen Schäferhund vor.
- Wenn der Züchter seine Welpen frühestens mit acht bis zwölf Wochen abgibt, sollten sie bereits ihre erste Impfung gegen Staupe, Hepatitis und Parvovirose sowie Wurmkuren erhalten haben.
- Schauen Sie sich genau die Umgebung an, in der die Welpen leben. Achten Sie darauf, dass der Verkäufer nicht mehr als eine Rasse und einen Wurf pro Jahr züchtet. Lassen Sie sich die Elterntiere zeigen – die ersten acht Wochen sollten die Welpen bei der Mutter verbringen! Untersuchen Sie die Welpen. Sind sie vital? Ist ihr Fell gepflegt? Ein guter Züchter erkundigt sich auch nach Ihnen und Ihren wohnlichen Verhältnissen. Der Preis für reinrassige Hunde ist nach oben hin offen. Rechnen Sie mit mindestens 500 Euro.

So ist es brav. Frauchen liest und der Hund ruht an ihrer Seite. Hatte der Hund eine gute Kinderstube, ist er auch leichter zu erziehen.

Vom Hof in den Schoß

- Kaufen Sie niemals ein Hund »im Vorübergehen« oder weil auf der Straße an Ihr Mitleid appelliert wird. Nehmen Sie auch keinen Hund einfach aus dem Urlaub in Griechenland oder in Spanien mit. Diese Welpen kommen meist aus schlimmsten Verhältnissen. Sie sind oft todkrank und das Geld, das Sie hier »sparen«, landet direkt beim nächsten Tierarzt, der oft genug den Kampf um das kleine Hundeleben verliert. Mit jedem Kauf unterstützen Sie den illegalen Welpenhandel und das Leid der Hündinnen, die zu reinen Gebärmaschinen gemacht werden.
- Die Tierheime sind überfüllt, hier hofft immer ein Hund auf ein neues Zuhause. Lassen Sie sich von den Tierpflegern vor Ort beraten, nehmen Sie sich genügend Zeit. Eine Entscheidung sollte nicht zurückgenommen werden. Denken Sie daran, dass bei Tierheimhunden eine Schutzgebühr fällig wird (ab 150 Euro aufwärts).

Rüde oder Hündin?

Ob Sie sich für einen Rüden oder eine Hündin entscheiden, spielt keine so große Rolle. Es gibt »sanfte Kerle« und »dreiste Weiber«. Auch im sozialen Umgang mit anderen Hunden haben beide Geschlechter ihre typischen Eigenarten, auf die man eingehen muss. Eine Hündin wird

Kleine Hunde – große Hunde: English Toy Terrier und Dogge. Für die Erziehung spielen Gewicht und Maße keine Rolle. Aber natürlich sollten Sie darauf achten, dass Sie dem Hund immer gewachsen sind.

zweimal im Jahr läufig. Das bedeutet temporäre körperliche Einschränkungen und hormonell bedingtes verändertes Verhalten. In dieser Zeit kann der Spaziergang sehr anstrengend werden, denn die Rüden können einer heißen Hündin kaum widerstehen und nehmen die Verfolgung auf. Hündinnen sind ansonsten folgsamer, sanfter und zugänglicher.

Rüden dagegen wollen ständig ihre Art erhalten und sehen in anderen Rüden oftmals einen Konkurrenten. Sie sind geltungsbedürftig, territorialer eingestellt und reagieren auf »Eindringlinge« oft abweisend. Dafür sind sie oftmals lebhafter und verspielter.

Aktiver Sportler oder gemütliche Coach Potato?

Jeder Hund kann in einer Wohnung gehalten werden, aber Rasse und Charakter bestimmen über die Zeit, die Sie benötigen, um den Hund auszulasten. Sie sollten also Ihre eigenen Lebensgewohnheiten im Kopf haben, wenn Sie sich für eine bestimmte Rasse entscheiden. Alle Welpen fangen zwar gleich klein an, werden aber rassespezifisch unterschiedlich groß und schwer. Sie sollten wissen, welche Gewichtsklasse für Sie in Frage kommt – wenn Sie nicht irgendwann einmal als Schlitten über die Straße gezogen werden wollen. Auch die Hundehaltergesetze legen fest, dass ein Hundehalter körperlich in der Lage sein muss, seinen Hund so zu halten, dass von diesem keine Gefahr ausgeht.

Doch nicht nur der Hund selbst nimmt Zeit in Anspruch. Auch Ihre Wohnumgebung kann durch das Zusammenleben mit dem Hund beeinflusst werden. Die Fellstruktur kann sich beispielsweise im Laufe eines Hundelebens ändern. Fühlt es sich bei einem Welpen noch kuschelig und flauschig an, wird es bei einigen Vierbeinern mit den Jahren drahtig oder flusig. Nicht jeder mag Hundehaare an der Kleidung, wenn das Tier sich anlehnungsbedürftig zeigt. Nicht jeder will den Staubsauger herausholen, wenn es sich der Hund auf dem Sofa gemütlich gemacht hat oder sich zur Entspannung schüttelt und seine Haare über dem Teppich verteilt.

Charaktertest: Drum prüfe, wer sich lange bindet

Schon im Welpenalter kann der Charakter des Hundes geprüft und festgestellt werden.

- Zeigt bereits der Welpe ein eigenständiges, aktives Wesen, benötigt er von Anfang an klare Regeln und gefestigte Strukturen, die er immer wieder einmal hinterfragen kann.
- Ein zugänglicher oder zurückhaltender Welpe wird sich später ausgeglichen, leicht zu führen und bindungsbereit zeigen.
- Ein ängstlicher, phlegmatischer Welpe benötigt sein Leben lang die sichere und aktive Führung seines Menschen.

Ein Welpe sollte nicht vor der achten Lebenswoche von seinem Muttertier und den Welpengeschwistern getrennt werden. Je weniger sich der Lebensraum des Züchters vom neuen Besitzer unterscheidet (beide wohnen auf dem Land bzw. in der Stadt), desto länger sollte der Welpe in seiner Hundefamilie bleiben können. Eine Abgabe kann dann ab der zwölften Lebenswoche erfolgen. Je mehr sich die Lebensumstände voneinander unterscheiden und um so größer diese Veränderung (Umzug vom Land in die Stadt und umgekehrt) ist, desto mehr Zeit benötigt der Welpe für die Eingewöhnung. In diesem Fall sollte die Abgabe so früh wie möglich, aber auf keinen Fall vor der achten Lebenswoche erfolgen.

Spezialist oder Allrounder?

Die Hunderassen unterscheiden sich nicht nur äußerlich, sondern besitzen ganz spezielle rassespezifische Verhaltensweisen. Hinter jeder Rasse steckt eine gezielte

Vom Hof in den Schoß

Selektion durch den Menschen, welche den Hunden eine ganz bestimmte Ausrichtung gibt. Bestimmte Eigenschaften werden dabei verstärkt und andere minimiert. Für einen Familienhund sollten Sie deshalb eher nicht einen der ausgemachten Spezialisten wählen. Das soll aber nicht heißen, dass Rassehunde sich grundsätzlich nicht für ein Familienleben eignen. Sie müssen nur eine sensiblere Auswahl treffen und Ihre eigenen Lebensumstände mit den rassespezifischen Eigenheiten abstimmen. Bedenken Sie Folgendes:

- Jagdhunde sind meist lebhaft und das Jagdverhalten ist stark ausgeprägt. Die Verhaltensweisen, die sich daraus ergeben, geben dem Tier positives Empfinden. Lebt er sie aus, belohnt er sich quasi selbst. Erdhunde, wie Teckel oder Jack Russel Terrier, wurden zur Jagd auf Füchse, Ratten und andere gezüchtet und besitzen deshalb eine ausgeprägte Wehrhaftigkeit, die sich nicht selten in übersteigertem Selbstbewusstsein gegen Artgenossen oder den Halter wenden kann.
- Ein Herdenschutzhund wird gerne selbstständig handeln, denn er wurde dafür gezüchtet, Herden gegen Angriffe von außen zu verteidigen. Diese Eigenschaften können dazu führen, dass diese Hunde schneller territorial reagieren und im Allgemeinen schlechteren Gehorsam zeigen.
- Hütehunde sind Arbeitstiere, die eine Aufgabe suchen und eine geistige und körperliche Auslastung benötigen. Diese Hunde brauchen eine sehr aktive Hundehaltung, die ohne den zeitaufwendigen Hundesport nicht zu bewerkstelligen ist.
- Gesellschaftshunde sind zur Unterhaltung des Menschen gezüchtet worden und weisen oft ein ausgeglichenes Wesen und eine hohe Bindungsbereitschaft auf. Sie wollen gefallen und betteln förmlich nach Aufmerksamkeit. Bekommen sie diese nicht, können sie sie auch vehement/aktiv einfordern.
- Als Sonderstellung sei hier der Elo genannt. Er ist zwar als Hunderasse nicht anerkannt, kann aber als Prototyp des gezüchteten Familienhunds verstanden werden.

Mitte der 1980er-Jahre entstand die Zielsetzung, einen instinktsicheren Familienhund zu züchten. So wurde, hauptsächlich aus Eurasier, Bobtail, Chow-Chow, Samojede und Dalmatiner, der Elo gezüchtet. Der Name »Elo« setzt sich aus Buchstaben der drei Ausgangsrassen zusammen, **E**urasier, Bobtai**l** und Ch**o**w-Chow und wurde sogar beim Bundespatentamt geschützt. Auf die Charaktereigenschaften wurde bei der Zucht mehr Wert gelegt als auf das Aussehen der Hunde. Ziel ist eine erbgesunde, instinktsichere, kindergeeignete und wachsame Rasse mit guten Eigenschaften als Begleit-, Familien- und Gesellschaftshund. Da die Rasse noch im Aufbau ist, unterscheiden sich die Individuen teilweise erheblich voneinander, weshalb die Rasse zur Zeit weder national noch international anerkannt ist.

Sind Sie sich über Ihre Bedürfnisse im Klaren geworden, können Sie sich auf die Suche nach einem geeigneten Hund machen. Bringen Sie Ihre Bedürfnisse und die des Hundes in Einklang. Dann steht dem Beginn einer neuen Freundschaft nichts mehr im Wege (siehe auch Test Seite 158).

FAMILY-TIPP

Ein Familienhund braucht ein gutmütiges und ausgeglichenes Wesen. Für den Aufbau sozialer Kompetenz ist eine hohe Kontaktfreudigkeit vorteilhaft. Ein Hund in der Stadt muss vieles erlernen, der Hundetyp sollte deshalb eine hohe Lernbereitschaft besitzen.
Lernen passiert im Spiel, Spielfreude ist somit eine gute Grundlage.

Welcher Hund passt zu mir?

Übersicht über die beliebtesten Hunderassen, ihre Rassemerkmale, ihre Charaktereigenschaften und was das für Haltung und Erziehung bedeutet

▌ Dackel, Dachshunde oder auch Teckel *(geeignet für Familien mit Kind ab 6 Jahren)*

Der Dackel, auch Dachshund oder Teckel genannt, ist eine deutsche Hunderasse. Der Begriff Dachshund bezeichnet lediglich ein ursprünglich speziell zur Jagd im Dachsbau eingesetzte Hunderasse. Der Dackel weist die größte Rassevariation auf und erhielt deshalb seine eigene Gruppe. Ihn gibt es in Langhaar, Rauhaar, und Kurzhaar, wobei sich die Farbvariation in Schwarz, Grau, Rot bewegen und gescheckt und gestromt möglich ist. Seine Größe wird eigentlich nicht am Widerriss gemessen, sondern an seinem Brustumfang (BU). Man unterscheidet dann in Standardteckel (BU >35 cm, 6–10 kg), Zwergteckel (BU 30–35 cm/ 5 kg) und Kaninchenteckel (BU 25–30 cm/ bis 3,5 kg)

Dackel

Widerristhöhe: 18 – 30 cm
Gewicht: 3 – 10 kg

Fell: Kurzhaar, Langhaar, Drahthaar
Früher verwendet als:
Jagdhund (Baujagd, Stöberarbeit)

Haltungsanforderungen

Bewegungsdrang	▮▮▮	körperliche und geistige Auslastung	▮▮▮
Gesundheitsfaktor	▮▮	Gesundheitskosten	▮▮▮▮
Sensibilität	▮▮▮	benötigt Führung und Regeln	▮▮▮▮
Futterbedarf	▮▮	Pflegeaufwand	▮▮▮
Bindung	▮▮	sucht körperliche Nähe (Kuschelfaktor)	▮▮

Erläuterung: Faktor ▮ = niedrig   Faktor ▮▮▮▮▮ = hoch

Vom Hof in den Schoß

▌ Hütehunde und Treibhunde *(geeignet für Familien mit Kind ab 8 Jahren)*

Hunde dieser Gruppe wurden beim Hüten von Viehherden eingesetzt. Diese Hunde haben dabei mit dem Hirten und allein gearbeitet. Sie hielten die Herde zusammen und verteidigten diese. Ein Treibhund ist ein Hund, der zum Treiben von Vieh verwendet wurde.

		Haltungsanforderungen			
Bobtail (Old English Sheepdog)		Bewegungsdrang	▪▪▪▪▪	körperliche und geistige Auslastung	▪▪▪▪▪
Widerristhöhe: 60 – 65 cm		Gesundheitsfaktor	▪▪▪	Gesundheitskosten	▪▪▪
Gewicht: 30 – 40 kg		Sensibilität	▪▪▪	benötigt Führung und Regeln	▪▪▪▪▪
Fell: lang, dicht		Futterbedarf	▪▪▪	Pflegeaufwand	▪▪▪▪▪
Früher verwendet als: Schäferhund		Bindung	▪▪▪	sucht körperliche Nähe (Kuschelfaktor)	▪▪▪
Border Collie		Bewegungsdrang	▪▪▪▪▪	körperliche und geistige Auslastung	▪▪▪▪▪
Widerristhöhe: 51 – 55 cm		Gesundheitsfaktor	▪▪▪	Gesundheitskosten	▪▪▪
Gewicht: 15 – 20 kg		Sensibilität	▪▪▪	benötigt Führung und Regeln	▪▪▪▪▪
Fell: lang, mittellang, stockhaarig		Futterbedarf	▪▪	Pflegeaufwand	▪▪▪
Früher verwendet als: Hütehund, Schäferhund		Bindung	▪▪▪	sucht körperliche Nähe (Kuschelfaktor)	▪▪▪
Deutscher Schäferhund		Bewegungsdrang	▪▪▪▪▪	körperliche und geistige Auslastung	▪▪▪▪▪
Widerristhöhe: 55 – 65 cm		Gesundheitsfaktor	▪▪	Gesundheitskosten	▪▪▪▪
Gewicht: 22 – 40 kg		Sensibilität	▪▪▪	benötigt Führung und Regeln	▪▪▪▪
Fell: dicht, fest anliegend		Futterbedarf	▪▪▪	Pflegeaufwand	▪▪▪
Früher verwendet als: Wach-, Schutz-, Dienst- und Hütehund		Bindung	▪▪▪▪	sucht körperliche Nähe (Kuschelfaktor)	▪▪▪

Welcher Hund passt zu mir?

■ **Pinscher und Schnauzer** *(geeignet für Familien mit Kind ab 6 Jahren)*
In dieser Gruppe sind Hunderassen, die sich im Wesentlichen durch Größe und Felltyp unterscheiden. Sie zählen zu den Haushunden. Der größte Pinscher ist der Dobermann, der kleinste der Affenpinscher.

	Haltungsanforderungen			
Bernhardiner	Bewegungsdrang	■■■	körperliche und geistige Auslastung	■■■■
Widerristhöhe: 65 – 90 cm	Gesundheitsfaktor	■■■	Gesundheitskosten	■■■
Gewicht: 70 – 80 Kilo	Sensibilität	■■■■	benötigt Führung und Regeln	■■■
Fell: mittellang, leicht gewellt	Futterbedarf	■■■■■	Pflegeaufwand	■■■■■
Früher verwendet als: Begleit-, Wach- und Hofhund	Bindung	■■■■	sucht körperliche Nähe (Kuschelfaktor)	■■■■
Berner Sennenhund	Bewegungsdrang	■■■	körperliche und geistige Auslastung	■■■■
Widerristhöhe: 58 – 70 cm	Gesundheitsfaktor	■■	Gesundheitskosten	■■■
Gewicht: 35 – 40 kg	Sensibilität	■■■■	benötigt Führung und Regeln	■■■■■
Fell: lang, üppig, glänzend	Futterbedarf	■■■■■	Pflegeaufwand	■■■■
Früher verwendet als: Wach- und Hofhund, Zughund	Bindung	■■■■■	sucht körperliche Nähe (Kuschelfaktor)	■■■■■
Tchiorny Terrier	Bewegungsdrang	■■■■	körperliche und geistige Auslastung	■■■■
Widerristhöhe: 66 – 75 cm	Gesundheitsfaktor	■■■	Gesundheitskosten	■■■
Gewicht: 40 – 50 kg	Sensibilität	■■	benötigt Führung und Regeln	■■■■
Fell: rau, dick	Futterbedarf	■■■■	Pflegeaufwand	■■■
Früher verwendet als: Begleit-, Dienst- und Gebrauchshund	Bindung	■■■■	sucht körperliche Nähe (Kuschelfaktor)	■■

Vom Hof in den Schoß

▌ **Terrier** *(geeignet für Familien mit Kind ab 3 Jahren)*
Terrier ist die Bezeichnung für verschiedene vorwiegend kleine bis mittelgroße Hunderassen. Der Name Terrier leitet sich vom französischen Begriff terre (Erde) ab. Er geht darauf zurück, dass Terrier den unterirdischen Bau ihrer Beute aufgraben, um ihre Beute herauszutreiben.

	Haltungsanforderungen			
Australian Terrier	Bewegungsdrang	▌▌▌▌	körperliche und geistige Auslastung	▌▌▌▌
Widerristhöhe: 25 – 30 cm	Gesundheitsfaktor	▌▌▌▌	Gesundheitskosten	▌
Gewicht: 6,5 – 7,5 kg	Sensibilität	▌▌▌▌	benötigt Führung und Regeln	▌▌▌
Fell: hart, mit weicher Unterwolle	Futterbedarf	▌	Pflegeaufwand	▌▌▌
Früher verwendet als: Wachhund	Bindung	▌▌▌	sucht körperliche Nähe (Kuschelfaktor)	▌▌▌▌▌
Parson Russell Terrier	Bewegungsdrang	▌▌▌▌	körperliche und geistige Auslastung	▌▌▌▌
Widerristhöhe: 33 – 36 cm	Gesundheitsfaktor	▌▌▌	Gesundheitskosten	▌▌▌
Gewicht: 8 – 10 kg	Sensibilität	▌▌▌▌	benötigt Führung und Regeln	▌▌▌▌
Fell: glatt, rau	Futterbedarf	▌▌	Pflegeaufwand	▌▌▌▌
Früher verwendet als: Jagdhund für die Arbeit unter der Erde	Bindung	▌▌▌	sucht körperliche Nähe (Kuschelfaktor)	▌▌▌
Yorkshire Terrier	Bewegungsdrang	▌▌▌	körperliche und geistige Auslastung	▌▌▌
Widerristhöhe: 22 – 24 cm	Gesundheitsfaktor	▌▌▌	Gesundheitskosten	▌▌▌
Gewicht: 2,4 – 3,1 kg	Sensibilität	▌▌	benötigt Führung und Regeln	▌▌▌
Fell: lang, glatt	Futterbedarf	▌	Pflegeaufwand	▌▌
Früher verwendet als: Gesellschaftshund	Bindung	▌▌▌	sucht körperliche Nähe (Kuschelfaktor)	▌▌▌

Welcher Hund passt zu mir?

▎ Spitze und Hunde vom Urtyp *(geeignet für Familien mit Kind ab 3 Jahren)*

Zu dieser Gruppe gehören Hunderassen vom urtypischen Zustand und die Spitze. Man unterscheidet dabei europäische und asiatische Spitze. Der Spitz gilt als Torfhund, auch Torfspitz genannt und ist ein prähistorischer Haushund.

Akita

	Haltungsanforderungen			
	Bewegungsdrang	▪▪▪▪	körperliche und geistige Auslastung	▪▪▪▪
Widerristhöhe: 61 – 67 cm	Gesundheitsfaktor	▪▪▪▪	Gesundheitskosten	▪▪
Gewicht: 30 – 45 kg	Sensibilität	▪▪▪▪	benötigt Führung und Regeln	▪▪▪▪
Fell: gerades, hartes Deckhaar, weiche Unterwolle	Futterbedarf	▪▪▪	Pflegeaufwand	▪▪▪
Früher verwendet als: Begleithund	Bindung	▪▪▪	sucht körperliche Nähe (Kuschelfaktor)	▪▪▪

Deutscher Spitz

	Bewegungsdrang	▪▪▪	körperliche und geistige Auslastung	▪▪▪
Widerristhöhe: 18 – 22 cm, je nach Art	Gesundheitsfaktor	▪▪▪	Gesundheitskosten	▪▪▪
Gewicht: 6 – 10 kg	Sensibilität	▪▪▪▪	benötigt Führung und Regeln	▪▪▪▪
Fell: lang, mähnenartig, reichlich Unterwolle	Futterbedarf	▪	Pflegeaufwand	▪▪
Früher verwendet als: Wach- und Begleithund	Bindung	▪▪▪▪▪	sucht körperliche Nähe (Kuschelfaktor)	▪▪▪▪▪

Basenji

	Bewegungsdrang	▪▪▪▪▪	körperliche und geistige Auslastung	▪▪▪▪▪
Widerristhöhe: 40 – 43 cm	Gesundheitsfaktor	▪▪▪▪▪	Gesundheitskosten	▪
Gewicht: 9 – 11 kg	Sensibilität	▪▪▪▪	benötigt Führung und Regeln	▪▪▪▪▪
Fell: fein, dünn	Futterbedarf	▪	Pflegeaufwand	▪
Früher verwendet als: Jagdhund, Haus- und Hofhund	Bindung	▪▪▪▪	sucht körperliche Nähe (Kuschelfaktor)	▪▪▪▪

Vom Hof in den Schoß

▌ Laufhunde, Schweißhunde und verwandte Rassen *(geeignet für Familien mit Kind ab 6 Jahren)*

In dieser Gruppe erfolgt die Einteilung aufgrund historisch ähnlichen Verwendungszwecks, bei der Jagd. Ein Schweißhund zeichnet sich durch einen ungewöhnlich guten Geruchssinn, sowie Ruhe, Wesensfestigkeit und Finderwillen aus. Auch Laufhunde haben einen guten Geruchssinn und können eine Fährte auf große Strecken verfolgen.

		Haltungsanforderungen			
Beagle		Bewegungsdrang	▪▪▪▪	körperliche und geistige Auslastung	▪▪▪▪
Widerristhöhe: 33 – 41 cm		Gesundheitsfaktor	▪▪▪	Gesundheitskosten	▪▪▪
Gewicht: 10 – 18 kg		Sensibilität	▪▪▪	benötigt Führung und Regeln	▪▪▪▪
Fell: kurz, dicht		Futterbedarf	▪▪	Pflegeaufwand	▪▪
Früher verwendet als: Jagdhund		Bindung	▪▪▪▪▪	sucht körperliche Nähe (Kuschelfaktor)	▪▪▪▪▪
Dalmatiner		Bewegungsdrang	▪▪▪▪▪	körperliche und geistige Auslastung	▪▪▪▪▪
Widerristhöhe: 50 – 61 cm		Gesundheitsfaktor	▪▪▪	Gesundheitskosten	▪▪▪
Gewicht: bis 25 kg		Sensibilität	▪▪▪▪▪	benötigt Führung und Regeln	▪▪▪▪
Fell: kurz, schwarz-weiß		Futterbedarf	▪▪	Pflegeaufwand	▪▪
Früher verwendet als: Jagdhund		Bindung	▪▪▪▪▪	sucht körperliche Nähe (Kuschelfaktor)	▪▪▪▪▪
Deutsche Bracke		Bewegungsdrang	▪▪▪▪▪	körperliche und geistige Auslastung	▪▪▪▪▪
Widerristhöhe: 40 – 53 cm		Gesundheitsfaktor	▪▪▪▪	Gesundheitskosten	▪▪
Gewicht: 30 kg		Sensibilität	▪▪▪▪	benötigt Führung und Regeln	▪▪
Fell: kurz, dicht, fast stockig		Futterbedarf	▪▪▪	Pflegeaufwand	▪▪
Früher verwendet als: Jagdhund		Bindung	▪▪▪▪	sucht körperliche Nähe (Kuschelfaktor)	▪▪▪▪

Welcher Hund passt zu mir?

▍ Vorstehhunde *(geeignet für Familien mit Kind ab 14 Jahren)*

Der Vorstehhund zeigte dem Jäger an, dass er Wild gefunden hat. Dabei ist der Hund zum Wild ausgerichtet und in Körperanspannung, dabei typisch das Anheben einer Vorderpfote. Grundsätzlich ist die Fähigkeit zum Vorstehen angeboren, kann aber in der Ausbildung gefördert werden.

Irish Red Setter

	Haltungsanforderungen			
Widerristhöhe: 55 – 67 cm	Bewegungsdrang	▉▉▉▉	körperliche und geistige Auslastung	▉▉▉▉
Gewicht: 27 – 32 kg	Gesundheitsfaktor	▉▉▉	Gesundheitskosten	▉▉▉
	Sensibilität	▉▉▉▉	benötigt Führung und Regeln	▉▉▉
Fell: kurz bis mittellang	Futterbedarf	▉▉▉	Pflegeaufwand	▉▉▉
Früher verwendet als: Jagdhund	Bindung	▉▉▉▉▉	sucht körperliche Nähe (Kuschelfaktor)	▉▉▉▉

Großer Münsterländer

Widerristhöhe: 58 – 65 cm	Bewegungsdrang	▉▉▉▉▉	körperliche und geistige Auslastung	▉▉▉▉▉
Gewicht: 25 – 29 kg	Gesundheitsfaktor	▉▉▉▉▉	Gesundheitskosten	▉
	Sensibilität	▉▉▉	benötigt Führung und Regeln	▉▉▉▉
Fell: glatt, mittellang bis lang	Futterbedarf	▉▉▉	Pflegeaufwand	▉▉▉
Früher verwendet als: Jagdgebrauchshund	Bindung	▉▉▉	sucht körperliche Nähe (Kuschelfaktor)	▉▉▉

Weimaraner

Widerristhöhe: 57 – 70 cm	Bewegungsdrang	▉▉▉▉	körperliche und geistige Auslastung	▉▉▉▉
Gewicht: 27 – 40 kg	Gesundheitsfaktor	▉▉▉▉	Gesundheitskosten	▉▉
	Sensibilität	▉▉▉▉	benötigt Führung und Regeln	▉▉▉▉▉
Fell: kurz, fein, glänzend	Futterbedarf	▉▉▉	Pflegeaufwand	▉▉▉
Früher verwendet als: Vielseitiger Jagdgebrauchshund, Vorstehhund	Bindung	▉▉▉▉▉	sucht körperliche Nähe (Kuschelfaktor)	▉▉▉▉

Vom Hof in den Schoß

▎ Apportierhunde – Stöberhunde – Wasserhunde *(geeignet für Familien mit Kind ab 6 Jahren)*

Hier sind Jagdhunde gelistet, die im Jagdeinsatz Wild aufstöbern, das Geschossene finden und anschließend zum Jäger bringen. Diesen Vorgang bezeichnet man als Apportieren. Als Wasserhunde werden Hunde genannt, die sich für die Wasserarbeit bei Fischern und Jägern eignen.

Haltungsanforderungen

Golden Retriever

Widerristhöhe: 51 – 61 cm
Gewicht: 30 – 40 kg

Fell: lang, glatt oder leicht gewellt
Früher verwendet als:
Apportierhund für die Flintenjagd

Bewegungsdrang	▮▮▮▮
körperliche und geistige Auslastung	▮▮▮▮
Gesundheitsfaktor	▮▮▮
Gesundheitskosten	▮▮▮
Sensibilität	▮▮▮
benötigt Führung und Regeln	▮▮▮
Futterbedarf	▮▮▮
Pflegeaufwand	▮▮▮
Bindung	▮▮▮▮
sucht körperliche Nähe (Kuschelfaktor)	▮▮▮▮

Labrador Retriever

Widerristhöhe: 54 – 57 cm
Gewicht: 25 – 34 kg

Fell: stockhaarig, dicht, wetterbeständig
Früher verwendet als:
Apportierhund, Jagdhund

Bewegungsdrang	▮▮▮▮
körperliche und geistige Auslastung	▮▮▮▮
Gesundheitsfaktor	▮▮▮
Gesundheitskosten	▮▮▮
Sensibilität	▮▮▮
benötigt Führung und Regeln	▮▮▮
Futterbedarf	▮▮▮
Pflegeaufwand	▮▮▮
Bindung	▮▮▮▮
sucht körperliche Nähe (Kuschelfaktor)	▮▮▮▮

American Water Spaniel

Widerristhöhe: 38 – 46 cm
Gewicht: 11,5 – 20,5 kg

Fell: gewellt, gelockt
Früher verwendet als:
Jagdhund

Bewegungsdrang	▮▮▮▮▮
körperliche und geistige Auslastung	▮▮▮▮▮
Gesundheitsfaktor	▮▮▮▮▮
Gesundheitskosten	▮
Sensibilität	▮▮▮
benötigt Führung und Regeln	▮▮▮
Futterbedarf	▮▮
Pflegeaufwand	▮▮▮▮▮
Bindung	▮▮▮
sucht körperliche Nähe (Kuschelfaktor)	▮▮▮▮

Welcher Hund passt zu mir?

▍ **Gesellschafts- und Begleithunde** *(geeignet für Familien mit Kind ab 3 Jahren)*
Gesellschaftshunde sind Hunde, die dem Menschen zur Gesellschaft (als Sozialpartner) dienen. Unter diesem Begriff werden verschiedene Hunderassen zusammengefasst, die traditionell meist die Funktion als Gesellschaftshunde hatten oder haben und als solche gezüchtet wurden.

		Haltungsanforderungen		
Pudel		Bewegungsdrang ▍▍▍	körperliche und geistige Auslastung	▍▍▍▍
Widerristhöhe: 28 – 60 cm		Gesundheitsfaktor ▍▍	Gesundheitskosten	▍▍▍▍
Gewicht: je nach Größe 12 – 25 kg		Sensibilität ▍▍	benötigt Führung und Regeln	▍▍▍
Fell: dicht, gelockt		Futterbedarf ▍▍	Pflegeaufwand	▍▍▍▍
Früher verwendet als: Gesellschafts- und Begleithund		Bindung ▍▍▍	sucht körperliche Nähe (Kuschelfaktor)	▍▍▍
Französische Bulldogge		Bewegungsdrang ▍▍▍	körperliche und geistige Auslastung	▍▍▍
Widerristhöhe: bis ca. 35 cm		Gesundheitsfaktor ▍▍	Gesundheitskosten	▍▍▍▍
Gewicht: bis 14 kg		Sensibilität ▍▍▍	benötigt Führung und Regeln	▍▍▍▍
Fell: kurz		Futterbedarf ▍▍	Pflegeaufwand	▍▍▍
Früher verwendet als: Gesellschafts-, Wach- und Begleithund		Bindung ▍▍▍▍	sucht körperliche Nähe (Kuschelfaktor)	▍▍▍▍
Mops		Bewegungsdrang ▍	körperliche und geistige Auslastung	▍▍
Widerristhöhe: 35 cm		Gesundheitsfaktor ▍▍	Gesundheitskosten	▍▍▍▍
Gewicht: 7 – 10 kg		Sensibilität ▍▍▍	benötigt Führung und Regeln	▍▍▍
Fell: kurz, hart		Futterbedarf ▍	Pflegeaufwand	▍
Früher verwendet als: Gesellschaftshund		Bindung ▍▍▍	sucht körperliche Nähe (Kuschelfaktor)	▍▍▍

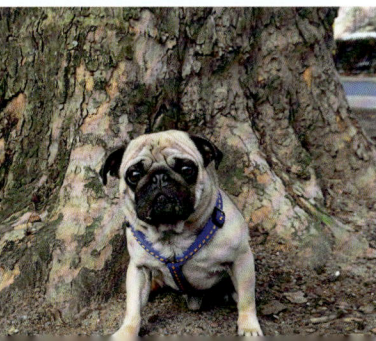

Vom Hof in den Schoß

▍ Windhunde *(geeignet für Familien mit Kind ab 12 Jahren)*
In dieser Gruppe finden sich hochläufige, schlanke Hetzhunde, die ihre Beute auf Sicht jagen. Ihre ursprüngliche Aufgabe bestand darin, gesundes Wild (Hasen, Füchse, Rehe) im Laufen einzuholen, woraus sich die französische Bezeichnung Lévrier (»Hasenhund«) ableitet.

Haltungsanforderungen

Afghanischer Windhund		Bewegungsdrang	▮▮▮▮▮	körperliche und geistige Auslastung	▮▮▮▮▮
Widerristhöhe: 63 – 74 cm		Gesundheitsfaktor	▮▮▮▮	Gesundheitskosten	▮▮
Gewicht: 20 – 30 kg		Sensibilität	▮▮▮	benötigt Führung und Regeln	▮▮▮
Fell: lang, seidig		Futterbedarf	▮▮	Pflegeaufwand	▮▮▮▮
Früher verwendet als: Windhund		Bindung	▮▮▮	sucht körperliche Nähe (Kuschelfaktor)	▮▮
Irischer Wolfshund		Bewegungsdrang	▮▮▮▮▮	körperliche und geistige Auslastung	▮▮▮▮
Widerristhöhe: 71 – 79 cm		Gesundheitsfaktor	▮▮	Gesundheitskosten	▮▮▮▮
Gewicht: 40,5 – 54,5 kg		Sensibilität	▮▮▮	benötigt Führung und Regeln	▮▮
Fell: rau, hart		Futterbedarf	▮▮▮▮▮	Pflegeaufwand	▮▮
Früher verwendet als: Jagdhund		Bindung	▮▮	sucht körperliche Nähe (Kuschelfaktor)	▮▮
Greyhound		Bewegungsdrang	▮▮▮▮	körperliche und geistige Auslastung	▮▮▮▮
Widerristhöhe: bis 76 cm		Gesundheitsfaktor	▮▮▮▮	Gesundheitskosten	▮▮
Gewicht: bis 32 kg		Sensibilität	▮▮▮	benötigt Führung und Regeln	▮▮▮▮
Fell: kurz, fein, dicht		Futterbedarf	▮▮▮	Pflegeaufwand	▮
Früher verwendet als: Rennhund		Bindung	▮▮▮	sucht körperliche Nähe (Kuschelfaktor)	▮▮▮

Ein teures Vergnügen? Was ein Hund kostet

Kinder kosten Geld, Hunde auch. Die Kosten sind von vielen Faktoren abhängig. Je größer und schwerer ein Hund, desto mehr frisst er. Langhaariges Fell bedarf mehr Pflege als kurzes, die Hundesteuer ist abhängig vom Wohnsitz. Wie Kinder können auch Hunde krank werden. Diese Kosten müssen Sie sich vor der Anschaffung bewusst machen und durchkalkulieren. Nur wer sich einen Hund leisten kann, ermöglicht ihm ein artgerechtes Leben.

Bevor Sie Ihre Familie um ein vierbeiniges Mitglied erweitern, sollten Sie vorher einmal nachrechnen, ob Sie überhaupt genügend Geld zur Verfügung haben. Ein Hund kostet nämlich genauso viel wie ein Kleinwagen (siehe Tabelle Seite 38), aber er darf im Gegensatz zu einer Maschine nicht einfach wieder abgestoßen werden, wenn es finanziell eng wird. Leider sprechen die alarmierenden Zahlen der in deutschen Tierheimen lebenden Hunde eine andere Sprache: Rund 120.000 Hunde werden jedes Jahr in diesen Institutionen abgegeben. Errechnen Sie für Ihren Hund deshalb ein monatliches Budget und legen Sie Geld für »schlechte Zeiten« beiseite.

Wer sich einen Hund anschafft, sollte auch für Arztbesuche immer genügend Geld zur Verfügung haben. Machen Sie das auch Ihrem Kind klar, so lernt es auch auf diesem Wege, Verantwortung zu tragen. Zwacken Sie ruhig einen kleinen Beitrag vom Taschengeld für Leckerlis hab – und wenn es sich um Centbeträge handelt. Überzeugen Sie Ihren Nachwuchs, dass die Investition »gut« angelegt ist.

Die richtige Hundeversicherung

Klar, dass Menschen gegen viele Eventualitäten des Lebens abgesichert sind. Und nicht nur die einzelne Person, sondern auch Auto, Haushalt sowie vieles andere mehr. Da liegt es nahe, auch den Hund und alle Eventualitäten, die mit dem Vierbeiner verbunden sind, gegen Widrigkeiten abzusichern.

Haftpflicht

Eine Hundehalterhaftpflichtversicherung gewährt Ihnen als Halter und Hüter eines Hundes ohne gewerblichen Zweck einen Versicherungsschutz für den Fall eines Schadensereignisses, das Personen-, Sach- oder sich ergebene Vermögensschäden zur Folge hat.

FAMILY-TIPP

Errechnen Sie für Ihren Hund ein monatliches Budget. Berücksichtigen Sie darin Futterkosten, Pflegeaufwand und Hundesteuer. Kosten des Hundes sind je nach Hunderasse und Hundetyp ganz unterschiedlich.

Vom Hof in den Schoß

Das kostet ein Hundeleben

Kostenübersicht eines mittelgroßen Hundes innerhalb von 12 Jahren
Beispiel:. Labrador 30 kg

	Einmalig	Tag	Monat	Jahr	12 Jahre
Futterkosten *(inkl. Leckerlis, Knochen etc.)*		2 €	60 €	720 €	8.640 €
Sämtliches Zubehör					
Leinen *(Durchschnittspreis 30 €)* alle 3 Jahre	30 €				120 €
Geschirre *(Durchschnittspreis 35 €)* alle 4 Jahre	35 €				105 €
Spielzeug			10 €	50 €	600 €
Körbchen *(Durchschnittspreis 50 €)* alle 6 Jahre	50 €				100 €
Halsband *(Durchschnittspreis 20 €)* alle 4 Jahre	20 €				80 €
Hundehaftpflicht			6 €	72 €	864 €
OP-Kostenversicherung			15 €	180 €	2.160 €
Anschaffungskosten	600 €				
Beerdigungskosten	300 €				
Tierarztkosten					
Impfungen				50 €	600 €
Entwurmungen				80 €	960 €
Chippen	30 €				
Hund im Urlaub (14 Tage) 1 x im Jahr					
Unterbringung in Hundepension			20 €	280 €	3.360 €
Mitreisen					
Flugkosten	60 €				720 €
Hotel			8 €	112 €	1.344 €
Gesamte Kosten in einem 12-jährigen Hundeleben		Mit Hund im Urlaub			18.663 €
		Hund in Hundepension			19.959 €

Unumgänglich: die Hundesteuer

Die Steuererhebungen für einen Hund sind Sache der Kommunen. In Erfurt (Thüringen) zahlen Sie für den ersten Hund 72 €, in Augsburg (Bayern) sind es 75 €, in Nürnberg (Bayern) dagegen schon 132 €. Der Fiskus in Berlin will 120 €, in Köln werden 156 € verlangt. Für den zweiten Hund müssen Sie in Hannover schon 240 € hinblättern. Erkundigen Sie sich bei Ihrem zuständigen Finanzamt.

Ein teures Vergnügen? Was ein Hund kostet

Schadensfälle sind Ereignisse, die Ansprüche gegen Sie als Hundehalter nach sich ziehen können. Der Gesetzgeber fordert dazu eine Deckungssumme für alle Sach- und Personenschäden von mindestens 3.000.000 € und für Vermögensschäden eine Versicherungssumme von 250.000 €. Eine Haftpflichtversicherung kostet je nach Angebot zwischen 30–70 € pro Jahr, abhängig von Rasse und Selbstbehalt.

OP-Kosten-Versicherung

Eine OP-Kosten-Versicherung trägt alle Kosten, die durch eine notwendige Operation Ihres Hundes entstehen. Davon ausgenommen sind Kastrationen und Sterilisationen. Operationen können teuer werden. Die Übernahme aller Tierarztkosten ohne Höchstbetragsgrenze und ohne Selbstbeteiligung für chirurgische Eingriffe unter Vollnarkose und deren Nachbehandlung, kostet Sie zwischen 15–18 € pro Monat.

Krankenversicherung für den Hund

Eine hundertprozentige Erstattung der Tierarztkosten ermöglicht Ihnen der Kranken- und Unfallschutz für Ihren Hund. Sowohl ambulante als auch stationäre Behandlungen von Krankheiten und Unfallfolgen inklusive aller Arzneimittel, Unterbringungskosten, Diagnostik, physikalischen Therapien und auch homöopathischen Behandlungen, werden für 30–45 € im Monat übernommen. Für einen geringen Aufschlag (5 €) wird auch der Vorsorgeschutz wie Impfungen, Wurmkuren, Floh- und Zeckenmittel sowie Gesundheitschecks getragen. Die Preise sind stark abhängig von der Größe und dem Alter Ihres Hundes. Der Abschluss dieser Versicherung ist gleichfalls stark altersabhängig. Kleine Rassen können bis zum siebten Lebensjahr versichert werden. Große Hunderassen lediglich bis zum vierten Lebensjahr. Besteht der Versicherungsschutz bereits, behält das Tier ihn selbstverständlich auch über das vierte oder siebte Lebensjahr hinaus.

Hunde fressen ihren Haltern gerne »die Haare vom Kopf«. Das kostet und sollte vorher einkalkuliert werden.

Kommunikation: mehr als ein »Wau«

Kommunikation ist ein Austausch von Signalen zwischen einem Sender und einem Empfänger. Der Sender sollte dabei Signale benutzen, die der Empfänger verstehen kann. Die Kunst für den Sender besteht darin, zu wissen, was der Kommunikationspartner überhaupt empfangen kann. Das ist bei den Menschen so. Und das ist bei den Hunden so.

Kommunikation: mehr als ein »Wau«

Die Sprache der Hunde

Hunde haben eigene Kommunikationssignale. Ihre Sprache ist klar und präzise. Hunde interpretieren Signale nicht, sondern bewerten und reagieren direkt. Sie sind dabei immer ehrlich und konsequent. Ihre Sprache ist vielfältig in ihrer Ausdrucksform. Kinder sprechen die Sprache der Körperlichkeit häufig noch stärker als Erwachsene und können somit oft deutlicher für Hunde sein als Erwachsene. Denn die setzen mehr auf die sprachliche Übermittlung ihrer Botschaften.

Hunde sind nicht nur auf ihren vier Beinen schneller als wir Menschen, auch ihre Unterhaltung ist flotter als unsere sowie viel diffiziler und auch subtiler. Bevor wir überhaupt etwas mitkriegen, haben sie untereinander bereits alles geklärt. Wenn wir anfangen zu schreien, weil wir glauben, die Hunde würden sich zerfleischen, geht das Leben für sie schon wieder weiter. Wir müssen lernen, auf die Feinheiten zu achten. Es ist wie im »richtigen« Leben. Nur wer die Sprache des anderen beherrscht, kann ihn auch verstehen! Eines ist klar: Egal, welcher Rasse sie angehören und in welchem Land sie zu Hause sind – die Hunde dieser Welt sprechen alle dieselbe Sprache. Für Sie als Hundehalter ist es deshalb wichtig, »hündisch« zu verstehen und zu sprechen. Erst das gibt Ihnen die Möglichkeit, angemessen auf das Verhalten Ihres Familienmitglieds zu reagieren. Doch das ist manchmal einfacher gesagt als getan. Durch die Extremzucht wurden manche Rassen körperlich so stark beeinflusst, dass sie in ihren Ausdrucksmöglichkeiten beeinträchtigt sind. Bulldoggen, Boxer oder Möpse, deren Schädel durch Züchtung verkürzt oder extrem abgerundet (Brachycephalie) wurden, sind in ihrer Gesichtsmimik stark benachteiligt. Die Vorlieben und Eitelkeiten des Menschen sind schuld daran, das bei solchen Rassen das Ausdrucksverhalten und die Verständigung untereinander oftmals nicht mehr eindeutig ist und es zu Missverständnissen auch unter Artgenossen kommt.

Die Ausdrucksmöglichkeiten eines Hundes lassen sich in geruchliche, hörbare, sichtbare und fühlbare Signale einteilen.

FAMILY-TIPP

Bevor Sie sich einen Hund anschaffen, sollten Sie versuchen, Ihren Kindern, die Hundesprache näher zu bringen. Gehen Sie deshalb ruhig mal in eine Hundeschule oder in ein Hundeauslaufgebiet und beobachten Sie die Tiere. Sie und Ihr Kind werden überrascht sein, wie klar und körperlich die Kommunikation unter den Hunden funktioniert.

▪ **Signale durch Geruch:** Die geruchliche Kommunikationsmöglichkeit des Hundes bleibt uns Menschen eine weitgehend verschlossene Welt. Während der Mensch in einer Welt aus Bildern lebt, erfährt der Hund seine Umwelt durch die Nase. Er riecht um ein Vielfaches besser als jeder Parfümeur oder Sommelier. Der Mensch verfügt über fünf Millionen Riechzellen, der Dackel über 125 Millionen und der Schäferhund schon

Die Sprache der Hunde

über 220 Millionen. Außerdem können Hunde in nur einer Minute bis zu 300-mal kurz stoßartig durchatmen und so ihre Nase ständig mit neuen Geruchspartikeln versorgen. Besonders berühmt für seinen guten Riecher ist der Bloodhound. Ausgebildete Spezialisten können Spuren noch Tage später eindeutig identifizieren und verfolgen, sogar mitten durch eine Großstadt, durch viele parallele und kreuzende Fremdgerüche hindurch. Der wichtigste Duft in der Kommunikation zwischen den Artgenossen ist der Urin. Durch das Markieren werden Reviergrenzen abgesteckt, Hundenachrichten verbreitet und von Artgenossen gelesen. Man bezeichnet diese Art des Austausches auch als chemische Kommunikation.

▎**Signale durch Lautäußerungen:** Wenn Hunde sprechen, kann das laut werden. Vom Bellen, Jaulen, Winseln, Knurren bis hin zum lauten Heulen ist alles dabei. Es gibt verschiedene Gründe, warum Hunde bellen: aus Nervosität, Angst, Frustration, um Aufmerksamkeit zu bekommen, zur Verteidigung oder um über die Distanz den Kontakt zu ihrem Rudel aufrechtzuerhalten. Dabei sind höhere Töne beim Bellen, Jaulen und Winseln eher Freude oder Angst zuzuordnen und tiefe Töne wie kurzes Bellen und Knurren eher als Drohung gemeint. Hier ist die Kombination aus Gestik und Lauten der Schlüssel zur Verständigung. Beides zusammen zeigt, was der Hund sagen will.

▎**Signale durch Mimik:** Ein sich groß präsentierender Hund möchte etwas, ein sich klein machender hingegen eben gerade nicht. Viele begleitende Gesten in Mimik und Haltung ergeben dann einen Gesamtausdruck. So kann sich beispielsweise ein Hund zwar klein machen, dabei trotzdem drohen und damit sagen: Lass mich in Ruhe, ich will keinen Ärger! Ein Hund, der sich groß macht, aber dabei vielleicht winselt, gibt damit zu verstehen: Ich bin toll, akzeptierst Du das? Ein Hund, der sich klein macht und winselt, zeigt Angst. Ein Hund, der sich groß präsentiert und dabei brummt oder knurrt,

geht hingegen in den Angriff über. Hohes Bellen, Vorderpfoten lang auf dem Boden und Hinterteil in die Höhe soll heißen: Spiel mit mir!

▎**Signale durch Berührung:** Zur Sprache des Hundes gehört auch die sogenannte taktile Kommunikation. Sie kann als ein Kanal innerhalb der nonverbalen Kommunikation, der Kommunikation ohne Worte, verstanden werden. Sie besteht aus Tastsinn sowie der körperlichen Wahrnehmung von Berührung, Bewegung, Vibration, Temperatur, Druck und Spannung. Die Wahrnehmung erfolgt vom Fell über sensorische Informationen der Haut. Körperkontakt und -empfinden haben somit mehr Symbolik als mancher Hundehalter vermutet. Für die taktile Kommunikation ist Nähe erforderlich, damit Berührung und Hautkontakt überhaupt stattfinden können. Über diesen Einflusskanal kann ein Hund bestärkt oder verunsichert werden. Gerade Halter von Hunden, die geschoren werden müssen, können bestätigen, dass sich ihr Tier danach eine Zeit lang anders verhält.

Angst kann sehr schnell ein Abwehrverhalten auslösen. Dabei spielt die Größe des Hundes keine Rolle. Besänftigende Gegenreaktionen wirken deeskalierend.

Kommunikation: mehr als ein »Wau«

Die Körpersignale der Hunde

Die Hundesprache ist für Menschen zunächst eine Fremdsprache. Um diese zu lernen, müssen Sie als Allererstes die Vokabeln kennen, dann Sätze formulieren und schließlich die Anwendung üben. Genau so lernt man auch hündisch. Wenn Sie die Hundesprache beherrschen, bekommen Sie einen tiefen Einblick in die Seele Ihres vierbeinigen Sozialpartners. Beobachten Sie doch einmal Hunde gemeinsam mit Ihren Kindern auf einer Hundewiese und erklären Sie, was die Signale zu bedeuten haben.

Grundlegende Ausdrucksformen, also die Signale, sollen Ihnen helfen, Ihren Hund besser zu verstehen. Stellen Sie sich einfach vor, Sie gehen mit Ihren Kindern in die Schule und heute ist Ihr erster Hundesprachen-Unterricht! Genau wie im Unterricht fangen Sie mit einfachen Übungen an und wagen sich später an Komplizierteres.

Phase I: Vokabeln lernen

Gesichtsmimik

Ohren
- aufgestellt = Informationsaufnahme
- angelegt = Angst oder Respekt
- locker getragen = entspannt

Beschnuppern des Genitalbereichs gehört bei Hunden zur chemischen Kommunikation.

Blick
- klar und offen = offen für alles
- abgewendet = passiver Ausdruck
- von unten blickend = Bedrohung erkannt
- von oben blickend = selbstbewusster Ausdruck
- Fixieren = provozierend, fordernd

Lefzen
- hochgezogen = drohend
- angezogen bis spitz = abwehrend
- abgerundet = offensiv drohend, angriffsbereit
- beleckend = offensiv, positiv

Körpermimik

Rute
- senkrecht und ruhig = aufmerksam, neutral, abwartend
- senkrecht, langsam wedelnd = freundlich, selbstbewusst, imponierend
- senkrecht, schnell wedelnd = freudig, aufgeregt
- hängend, schnell wedelnd = freudig
- hängend = desinteressiert
- leicht eingezogen = Respekt und Unterwerfung
- geklemmt = ängstlich und beschwichtigend

Körper und Kopfhaltung
- leicht geduckt = freundlich, respektvoll

Die eingezogene Rute – ein Zeichen von Unsicherheit und Angst. Angelegte Ohren als Zeichen von Respekt.

- aufgestellt, Brust raus = offensiv, selbstbewusst
- abwendend = ängstlich und beschwichtigend
- abgeduckt = freudig, spielbereit

Vorderläufe

- eine gehoben (»Pföteln«) = freundlich, respektvoll
- beide flach am Boden aufgelegt = erwartend, positiv
- eine aufgelegt = erwartend, fordernd
- beide durchgedrückt = imponierend, darstellend

Hinterläufe

- durchgedrückt = imponierend, darstellend
- abgeduckt = freundlich, respektvoll
- leicht eingeknickt = beschwichtigend
- eingeknickt = ängstlich

Begleitsignale zur Konfliktvermeidung

- Gähnen
- Bogen laufen
- Blinzeln
- Schmatzen
- Lefzen werden beleckt
- Zähne werden beleckt
- Blick abwenden

Phase II: Sätze bilden

Nachdem Sie nun die wichtigsten hündischen Vokabeln kennen, besteht in Phase II die Aufgabe darin, daraus Sätze zu bilden und einen Gesamteindruck zu erhalten. Die Mischung aus den Vokabeln ermöglicht, eine Aussage des Hundes einzuschätzen. Dazu sind alle in Phase I dargestellten Signalquellen zu beachten und miteinander zu verknüpfen.

Folgende Beispiele sind eine Auswahl, um die Aussagekraft hündischen Verhaltens darzustellen. Die Anwendung ist

Spielen ist nicht gleich Spielen. Was aggressiv scheint, ist nicht gleich Aggressivität. Es werden meist nur eindeutige Signale ausgetauscht.

Alarm-Geste (Signalwert)
- Ohren aufgestellt
- klarer und offener Blick
- Rute senkrecht ruhig
- leicht geduckte Kopfhaltung
- Vorderpfoten sind beide durchgedrückt
- Hinterläufe wirken abgeduckt
- vielleicht Bogen laufend
- kann durch einfachen Warnbeller begleitet werden

Spielaufforderung (Animation)
- Ohren aufgestellt
- von unten blickend
- Körper ist abgeduckt
- Vorderläufe sind beide flach am Boden aufgelegt
- Hinterläufe sind durchgedrückt bis abgeduckt
- Rute steht senkrecht und kann ruhig abwartend bis schnell wedelnd gezeigt werden
- kann mit einer Serie von drei bis vier Bellern begleitet werden

Verteidigung (Abwehrhaltung)
- Ohren angelegt
- von unten blickend
- Lefzen werden langgezogen und zeigen spitze Mundwinkel
- Rute ist leicht eingezogen bis geklemmt
- Körpermimik zeigt sich abwendend
- eine Vorderpfote kann angehoben sein
- Hinterläufe sind leicht eingeknickt
- Kann durch Knurren, gefolgt von kurzem Bellen begleitet werden

Die Körpersignale der Hunde

Geduckte Körperhaltung einem ranghöheren Artgenossen gegenüber signalisiert Respekt und ermöglicht ein konfliktfreies Miteinander. Das Verhalten kann mit Mundwinkellecken unterstrichen werden.

Angriffsbereitschaft (Sicherung)
- Ohren sind aufgestellt
- von oben blickend
- hochgezogene Lefzen und abgerundete Mundwinkel
- Rute steht senkrecht, ggf. langsam wedelnd
- Körper wirkt aufgestellt, Brust rausgedrückt
- Vorder- und Hinterläufe sind durchgedrückt
- Zähne werden beleckt
- Handlung beinhaltet tiefes Knurren

Furcht (flüchtend)
- Ohren sind angelegt
- von unten blickend oder Blick ist abgewendet
- langgezogene Lefzen mit spitzen Mundwinkeln
- Rute ist geklemmt
- Körper wirkt abwendend
- Vorder- und Hinterläufe sind eingeknickt
- schmatzend und blinzelnd
- Handlung kann von hochfrequentem Bellen bis hin zum Jaulen begleitet werden

Konfliktvermeidung durch Spielaufforderung (rechts). Es geht immer um etwas, in diesem Beispiel behauptet der Ridgeback (links) seine Grube.

Kommunikation: mehr als ein »Wau«

Im Spiel werden Positionen und Vorrechte getestet. Bewegungseinschränkungen sind dabei ein gutes Mittel.

Phase III: Anwendung üben

Die Kenntnisse über die hündischen Signale sind wichtig, um zu erkennen, ob Ihr Hund Sie versteht und weiß, was Sie von ihm wollen. Bewerten Sie immer den Gesamtausdruck und nicht nur einzelne Signale Ihres Hundes. Achten Sie darauf, was Sie selbst zum Ausdruck bringen. Ein Hund bewertet nicht, was Sie sagen, sondern wie Sie es tun. Er achtet dabei genau auf Ihre Körpersprache, denn der Körper kann nicht lügen. Benutzen Sie also Ihren Körper in der Kommunikation mit Ihrem Vierbeiner. Verwandeln Sie sich doch mal in einen Hund. Sie werden überrascht sein, welche Antworten Sie erhalten.

Sprechen Sie hündisch

Begrenzen
- Äußerung mit tiefer Frequenz: »Nein«
- Aufrechte Körperhaltung
- Fixierender Blick

Motivieren
- Äußerung mit hoher Frequenz: »Fein«
- geduckte Körperhaltung
- klarer und offener Blick

Beruhigen (bei ängstlichem, unruhigem Verhalten, wirkt neutralisierend)
- Äußerung in normaler Frequenz: »Ruhig«
- leicht geduckte Körperhaltung
- Blick abwendend

Fordernd
- Äußerung mit hoher Frequenz: »Fein«
- aufrechte Körperhaltung
- fixierender Blick

Besänftigend (Bei Aufregung, die auch positiv sein kann)
- Äußerung mit hoher Frequenz: »Nein«
- Geduckte Körperhaltung
- Blick abwendend

Und weil es so schön war, bitte alles noch mal von vorne. Genau wie Ihr Hund lernen Sie durch Wiederholungen. Also: Achtung, fertig, Hund!

FAMILY-TIPP

Übung macht den Meister. Spielen Sie den »Sprachunterricht« mit Ihrem Nachwuchs immer wieder durch. Kinder lieben es, etwas nachzuahmen oder nachzuspielen. Spielen Sie Hund, Ihr Kind übernimmt dabei den Part des »Zweibeiners« und soll erraten, was für Signale Sie benutzen und was sie zu bedeuten haben, dann wechseln Sie die Rollen.

Begegnungen mit Zwei- und Vierbeinern

»Liebe auf den ersten Blick« – das gibt es auch bei Hunden. Der erste Eindruck zählt. Deshalb ist es so wichtig, Begegnungen zu suchen, zuzulassen und zu beeinflussen. Jeder durch einen Hund bewusst wahrgenommene Kontakt bewirkt bei ihm immer eine Reaktion. Ein Hund begegnet einem Menschen immer anders als seinen Artgenossen, denn wir sprechen eine unterschiedliche Sprache. Deshalb ist es entscheidet, welche Signale ausgestrahlt werden.

Begegnungen zwischen Artgenossen

Wird die Sprache des Hundes zur Kenntnis genommen und gehen die Menschen stärker auf seine Signale ein, kommt es auch weniger zu Missverständnissen und somit zu Beißereien. Viele Auseinandersetzungen zwischen Hunden sind auf mangelhafte Kenntnisse über das arttypische Hundeverhalten und Fehlinterpretationen ihrer Signale zurückzuführen.

Nehmen Sie beim Hundekontakt Ihren Hund nicht zu kurz an die Leine. Sie verhindern damit den Austausch von Signalen. Dazu gehört die Präsentation des eigenen Körpers. Hunde präsentieren sich, indem sie einen Bogen laufen und liefern so dem Gegenüber viele Gestiken. Es ist eine Art gegenseitiger Versicherung, sich schon im Vorfeld verstehen zu wollen, um so Konflikten aus dem Weg zu gehen.

Wenn Ihr Hund keinen Kontakt zu bestimmten Artgenossen möchte, dann lenken Sie bei der Begegnung seine Aufmerksamkeit auf sich. Dazu können Sie ein Spiel ankündigen, Futter in Aussicht stellen oder seinen Lieblingsball. Seien und bleiben Sie aktiv, denn Sie müssen interessanter auf Ihren Vierbeiner wirken, als das unerwünschte Gegenüber es vielleicht tut. Sie stehen in Konkurrenz dazu und müssen den vielleicht negativen Reiz mit positiver Einflussnahme ausgleichen (siehe auch Seite 76).

Hund-Mensch-Begegnung

Hunde empfinden Einwirkungen von oben als unangenehm bis bedrohlich. Das bedeutet für den Umgang mit ihnen, dass man sich nicht über sie beugen sollte. Diese Geste ist vom Menschen oft nett gemeint, wirkt aber auf den Hund – vor allem, wenn er sein Gegenüber nicht kennt – äußerst bedrohlich. Achten Sie deshalb genau auf die Signale Ihres Tieres. Ein Blinzeln, ein Gähnen, ein Schmatzen und ein Kopf-Wegdrehen sind deutliche

Flache Körperhaltung und das Zulassen von Beschnuppern bremsen Konflikte aus.

Kommunikation: mehr als ein »Wau«

Zeichen, dass der Hund gestresst ist und die Situation als unangenehm empfindet. Wenn sich diese Situation jetzt nicht auflöst, kann es sein, dass der Hund deutlicher wird und – für den Menschen unerwartet – plötzlich Aggressionssignale zur Abwehr nutzt. Aber keine Panik. Mit einer deeskalierenden Geste können Sie schnell die Situation entschärfen. Machen Sie sich einfach kleiner als Sie sind – bücken Sie sich oder gehen Sie in die Hocke – und tun Sie so, als ob es etwas viel Interessanteres gibt als den Hund.

Auch Anstarren und Fixieren wirkt auf einen Hund konfliktträchtig. Er kann sich herausgefordert oder bedroht fühlen. Schauen Sie einen fremden Hund also lieber nicht zu tief in die Augen. Beachten Sie lieber seine Körpersignale oder richten Sie den Blick auf Ohren oder Schnauze. Auch hier können Sie von den Hunden lernen. Ein deutliches Abwenden des Kopfes, ein Schmatzen und Lippenlecken signalisiert: kein Bedarf an Konflikten. Signale, die Sie auch als Mensch gegenüber dem Hund leicht anwenden können.

Hund-Kind-Begegnung

Kinder, die Hunde mögen, suchen den körperlichen Kontakt mit ihnen. Aber nicht jeder Hund mag es, von

Bei der Begegnung mit Hunden ist deren Körpersprache zu berücksichtigen. Beugen Sie sich über den Hund, kann das vom Tier als Bedrohung verstanden werden. Hocken Sie sich einfach hin, das wirkt auf jeden Fall auf den Hund beruhigend.

Begegnungen mit Zwei- und Vierbeinern

Wenn ein Hund einem fremden Menschen begegnet, gilt der Grundsatz: Der Hund geht zum Menschen und nicht umgekehrt. Ansonsten kann sich ein Hund bedroht fühlen und ein angeleinter sogar zum Wehrverhalten animiert werden.

Fremden angefasst zu werden. Deshalb sollten Kinder lernen, immer erst den Besitzer zu fragen, ob sie seinen Hund streicheln dürfen. Kinder sind euphorisch, bewegen sich hektisch und schnell: Ein Hund kann sie dann schwieriger einschätzen und neigt zu Flucht- oder Abwehrverhalten. Kinder sollten deshalb langsam den Kontakt zu Hunden aufbauen – den Vierbeiner vielleicht erst einmal an der Hand schnuppern lassen – und sie auch nicht gleich am Kopf streicheln, weil alles, was von oben kommt, für die Hunde bedrohlich wirkt. Auch ein Vorbeirennen kann Hunde erschrecken und zu unerwarteten Reaktionen führen. Kinder müssen den richtigen Umgang mit Hunden lernen und ihre Sprache erlernen, damit eine harmonische Freundschaft zwischen Kind und Hund entstehen kann. Viele Hundeschulen bieten spezielle »Hund-Kind-Begegnungs-Kurse« an.

Animation über Bewegungen

Hunde werden von schnellen Bewegungen animiert. Sie können sich oft nicht dagegen wehren, denn sie gehorchen ihrem natürlichen Instinkt. Nur so sind sie auch in der Lage, in der freien Wildbahn Beute zu entdecken, zu

Kommunikation: mehr als ein »Wau«

jagen und zu erlegen. Alles, was sich also schnell bewegt, zieht automatisch das Interesse auf sich. Berücksichtigt das der Mensch, kann er gezielt Einfluss nehmen und sich Ärger ersparen. Besonders Kinder neigen, wenn sie Angst vor Hunden haben, zu schreckhaften Bewegungen und rennen weg. Das animiert den Hund zur Verfolgung. Auch wenn's schwer fällt: Das Kind sollte lernen, Ruhe zu bewahren und stehen zu bleiben.

Als aufmerksamer Hundehalter lenken Sie das Interesse Ihres Hundes auf sich, bevor der den Jogger entdeckt. Hier bietet sich ein »bei Fuß«, »Sitz« oder »Platz« an (siehe Seite 65), bis der Jogger in sicherer Entfernung ist. Der Jogger wiederum sollte sich bewusst sein, dass ein Hund ihn nicht attackieren möchte, wenn er hinter ihm herrennt, sondern von seiner Bewegung animiert wird. Hektische Bewegungen, Brüllen oder gar nach dem Vierbeiner treten entschärfen die Situation nicht. Es genügt, einfach mal den Lauffluss zu unterbrechen und durch Passivität die Lage zu entspannen, bis der Halter seinen Vierbeiner wieder unter Kontrolle hat. Es ist wie im Straßenverkehr: Ein Miteinander baut auf gegenseitiger Rücksichtnahme auf.

Raufende Hunden

Hunde wenden zur Klärung bestimmter Situationen Aggressionen an. Sie sind ein adäquates Mittel, um etwas zu erhalten, was der Hund gern haben möchte. Aber auch um das zu verhindern, was der Hund nicht möchte. Für jedes soziale Lebewesen gehört Aggressionsverhalten als Einflussmöglichkeit zum Dasein dazu, denn ohne sie wären soziale Strukturen nicht aufrechtzuerhalten. Aggressionen setzen Grenzen und sagen dem Gegenüber: bis hierhin und nicht weiter. Das gilt für Hunde wie für Menschen.

Häufig sind es die Hundehalter selbst, die eine Auseinandersetzung zwischen den Hunden verschärfen. Sie schreien laut, stürzen sich hektisch auf die Raufbolde und zerren an ihnen, um sie auseinanderzubringen. Im schlimmsten Fall schlagen sie auf die Hunde ein. Meist gehen die Vierbeiner mit ein wenig Fellverlust aus der Situation hervor, die Halter müssen zur Notaufnahme ins Krankenhaus. Manche Hundehalter argumentieren, dass sie Tierarztkosten vermeiden wollen. Doch die Gefahr eigener Verletzungen und die damit verbundenen oft viel höheren Kosten stehen in keinem Verhältnis. Auch sollten Sie Hundebisse nicht unterschätzen, die Heilung kann langwierig und kompliziert sein.

Emotional sieht die Angelegenheit natürlich etwas anders aus. Sie möchten Ihrem lieb gewonnenen vierbeinigen Familienpartner zur Seite stehen und ihm zeigen: Wir sind immer füreinander da und lassen uns nicht im Stich. Doch helfen Sie ihm in so einer Situation am besten, indem Sie die Ruhe bewahren, und wenn Sie dann doch einmal eingreifen müssen, verwenden Sie bitte Hilfsmittel

Hunde klären vieles über Scheinkämpfe, ohne Verletzungen zu riskieren. Es sieht gefährlicher aus, als es in Wirklichkeit ist.

(siehe Seite 80). Bewährt haben sich akustische Reize, die dazu führen, dass die Hunde von ihrer Auseinandersetzung abgelenkt werden und von sich ablassen. Diese Hilfsmittel haben zusätzlich den Vorteil, dass sie die meist schwerwiegenden Verletzungen beim Hundehalter verhindern.

Beißen

Meist handelt es sich bei dem, was der Hund anwendet, gar nicht um einen Biss, sondern um einen Griff. Er möchte also gar nicht beißen, um zu verletzen, sondern lediglich etwas festhalten. Dafür kann es verschiedene Gründe geben. So kann es passieren, dass die Bewegung von lockerer Kleidung ihn animiert festzuhalten und zu zerren. In solchen Momenten ist es wichtig, dass Sie ruhig bleiben und nicht in die Gegenrichtung ziehen. Die Zähne des Hundes stehen nach innen, erst durch Ziehen und Zerren reißt der Stoff. Außerdem verstärkt sich durch die Gegenbewegung automatisch der Biss des Hundes. Im Gegensatz dazu wird alles, was sich nicht bewegt, schnell uninteressant für den Hund.

Also, auch wenn's schwerfällt, je ruhiger Sie sich verhalten, desto schneller sind Sie den »Wadenbeißer« wieder los. Hunde beißen auch, um sich zu verteidigen. Damit ein Hund nicht in diese Lage kommt, sollte er immer genug Ausweichmöglichkeiten haben. Er sollte deshalb nicht an einer kurzen straffen Leine geführt werden. Wenn Sie einen Hund in eine Ecke drängen, sollten Sie sich über einen Angriff nicht wundern. Für den Hund gibt es in so einer Situation nur noch die Flucht nach vorn, und die kann schmerzhaft sein. Also: beißen Sie die Zähne zusammen und lernen Sie die Sprache der Hunde, denn erst dann wird aus einem Hund ein richtiges Familienmitglied. Verstanden?

Ein Hund beißt, um etwas zu bekommen, was er unbedingt haben möchte, oder er beißt, um etwas zu entgehen, was er eben nicht haben möchte. Gerade in diesen Fällen ist das Missverständnis die häufigste Ursache für solche Beißvorfälle. Das Kind möchte kuscheln, der Hund seine Ruhe. Beide wollen denselben Ball. Der Hund will in Ruhe fressen und das Kind dabei sein. In all diesen Fällen treffen unterschiedliche Ziele aufeinander, die zu diesen heftigen Reaktionen des Hundes führen können. Sie sollten deshalb die Bedürfnisse des Hundes genauso berücksichtigen wie die Ihrer Kinder. Denn Hunde sind keine Plüschtiere, sondern Lebewesen.

FAMILY-TIPP

Wenn sich Hunde raufen, sieht es meist schlimmer aus, als es ist. Zeigen Sie sich auch gegenüber Ihrem Kind als souveräner Rudelführer, der sich nicht so schnell beeindrucken lässt, der ruhig und »cool« bleibt. Das finden auch Kinder »cool«, und es hilft ihnen, die Angst vor solchen Situationen zu verlieren.

Hat Ihr Hund doch mal zugeschnappt und dabei das Kind »erwischt«, reagieren Sie bitte – auch wenn es schwerfällt – nicht aggressiv gegenüber dem Hund. Das verstärkt nur seine Abwehrhaltung. Versuchen Sie, beide zu beruhigen und dem Kind zu erklären (wenn es nicht wirklich schlimm war), dass so was vorkommen kann und der Hund sich nicht deshalb zu einem Monster entwickelt hat. Versuchen Sie, behutsam das Kind wieder an den Hund heranzubringen, mit kleinen Kuscheleien, Spielchen und Leckerlis.

Das Zusammenleben mit dem Hund

Familien sind ganz besondere Formen von Beziehungen, in denen sich die Teilnehmer, meist Eltern mit ihren Kindern, an gemeinsamen Zielen und Aufgaben orientieren. Der Hund in der Familie ist Teil dieser Gemeinschaft und sollte auch so behandelt werden. In jeder Gemeinschaft gehören Kompromisse und Zugeständnisse zum Alltag. Jeder lernt vom anderen und profitiert von den Einflüssen und Erfahrungen der Partner.

Das Zusammenleben mit dem Hund

Bindung aufbauen – von Anfang an

Wenn zwei Menschen vor dem Traualtar stehen, stecken sie sich gegenseitig Ringe an den Finger – als Symbol einer Bindung, als Zeichen der Verbundenheit. Ein weiteres Zeichen dieser Verbundenheit ist das gemeinsame Kind. Die elterliche Fürsorge bildet hier das Band. Aber auch zwischen ungleichen Partnern wie Mensch und Hund kann so ein Band geknüpft werden, nur dass hier keine Ringe getauscht, sondern höchstens mal eine Leine angelegt wird.

Eine Bindung zum Menschen, zum Beschützer, der für Geborgenheit und Sicherheit sorgt, ist lebensnotwendig für den Hund. In dem Moment, wo wir einen Welpen ab der achten bis zwölften Lebenswoche von seiner Mutter trennen, sind wir als verlässliche Partner für ihn verantwortlich. Ein Hundeleben, in dem wir gemeinsam durch dick und dünn gehen, liegt vor uns. Ohne Bindung würde der Hund in ständiger Angst leben, aggressiv werden oder seiner eigenen Wege gehen. Bindung basiert auf Vertrauen. Vertrauen wird über Klarheit im Umgang miteinander erzielt. Man muss für seinen Partner einschätzbar sein. Nur wenn Sie für Ihren Hund einschätzbar sind, kann er also Vertrauen aufbauen und somit ein positives Bindungsverhältnis zu Ihnen entwickeln.

Ein Hund kann auch eine ganz besonders enge Bindung zum Kind aufbauen. Beide leben sozusagen auf »Augenhöhe« und haben viele Gemeinsamkeiten: Sie kommen beide schmutzig vom Spielen nach Hause, haben ständig Hunger und mögen keine Schelte. Ein Hund nimmt instinktiv Rücksicht auf das Kind. An Kinder gewöhnt, lässt ein Hund vieles geduldig über sich ergehen. Hunde gehen unvoreingenommen auf Menschen zu und sind sehr anpassungsfähig. Das äußere Erscheinungsbild interessiert sie nicht – sie schauen instinktiv in die Seele eines Menschen und reagieren wie ein Spiegelbild: Sind wir misstrauisch und ängstlich, sind sie es auch. Treten wir sicher und freundlich auf, machen sie uns das nach. Mensch und Hund haben noch weitere Gemeinsamkeiten. Beide sind zum Beispiel revierbezogen: Wir errichten einen Zaun um unser Grundstück, der Hund markiert sein Territorium mit seinem Urin. Hund und Mensch könnten zwar auch alleine gut klarkommen, leben aber lieber in Gruppen. Allerdings neigen wir Menschen dazu, den Hund zu sehr zu vermenschlichen. Wir projizieren unsere Emotionen in das Tier hinein und überfordern damit den Hund. Ein Hund ist aber nicht in der Lage, Liebe, Mitleid oder Hass zu empfinden. Er hat keine Hintergedanken und er lügt niemals. Allerdings kann er traurig und eifersüchtig sein, sich freuen und träumen. Er empfindet in vielen Dingen ähnlich wie wir, zeigt Angst und gute Laune.

Der Blickkontakt fördert die Bindung zwischen Mensch und Tier und ist eine gute Konzentrationsübung.

Bindung aufbauen – von Anfang an

Was Spiegelexperimente aussagen

Inwieweit ihm dieses Empfinden wirklich bewusst ist, darüber streiten sich allerdings die Gelehrten. Das Bewusstsein, sich seiner selbst bewusst zu sein – das lässt sich schwer nachweisen. Die Wissenschaft spricht zunächst von Individualitätsbewusstsein und meint damit das Vermögen, sich nicht nur seiner selbst und seiner Einzigartigkeit als Lebewesen bewusst zu werden, sondern darüber hinaus auch die Andersartigkeit anderer Lebewesen wahrnehmen zu können. Dieses Bewusstsein konnte beim Hund bisher nicht nachgewiesen werden.

Im sogenannten Spiegelexperiment wurde verschiedenen Tierarten das eigene Spiegelbild vorgehalten. Die meisten Tiere reagierten mit beschwichtigenden oder drohenden Gesten auf den »Artgenossen« im Spiegel. Im weiteren Verlauf dieses Experiments wurden Farbpunkte auf Stirn und Ohren gemalt. Nur Schimpansen, Orang-Utans und Gibbons versuchten den Klecks am Körper zu entfernen. Deshalb geht man nun davon aus, dass sie sich selbst erkennen und daher über ein Bewusstsein verfügen. Unsere Hunde gehörten nicht dazu! Aber auch der Mensch ist sich nicht vom ersten Augenblick an seiner selbst bewusst. Diese Fähigkeit erlernt er erst im Alter von circa 18 Monaten.

Ein Hund ist sich zwar nicht seiner selbst bewusst, aber selbstbewusst genug, um sich bequeme und vorteilhafte Plätze anzueignen. Seien Sie sich dessen bewusst.

Das Zusammenleben mit dem Hund

Was einem Hund bescheinigt werden kann, ist ein gedankliches Bewusstsein. Das beinhaltet eigenständiges Denken, Erinnerungsvermögen und auch geplantes Handeln. Hunde haben in unterschiedlichen Experimenten gezeigt, dass sie in diesem Bereich enorme Fähigkeiten besitzen. So wurden beispielsweise Hunde in zwei Gruppen eingeteilt. Die einen mussten für Futter die Pfote geben, die anderen bekamen, sichtbar für die »Pfötchengeber«, das Futter einfach ohne Gegenleistung. Schon bald verweigerten die Teilnehmer der Pfötchengruppe ihre Mitarbeit! Sie hatten nicht akzeptieren wollen, dass sie mehr leisten sollten.

Der Hund weiß allerdings nicht, dass er ein Hund und das krallenbewaffnete Tier, das ihn anfaucht, eine Katze ist. Aber er handelt vorteilsorientiert und versucht, dem Konflikt mit der Katze aus dem Weg zu gehen, oder, wenn er eine Chance sieht, die Katze anzugreifen. Das verstehen wir Menschen als selbstbewusstes Handeln, aber es hat nichts mit Selbstbewusstsein zu tun. Genau darin liegt also dann doch der Unterschied zwischen Mensch und Hund.

FAMILY-TIPP

Die Persönlichkeit des Kindes und der passende Hunde-Charakter sind entscheidend für den Aufbau der Beziehung. Bringen Sie Ihrem Hund gegenüber durch Souveränität und Ruhe Geborgenheit und Sicherheit zum Ausdruck. Überfordern Sie den Hund nicht durch Vermenschlichung. Stellen Sie sich mit Ihrem Hund nicht auf die gleiche soziale Stufe.

Ein Hund braucht klare Linien

Stellen Sie sich nicht auf die gleiche soziale Stufe mit Ihrem Hund. Das Tier erkennt Ihr soziales Bewusstsein nicht. Ein gleichberechtigtes Handeln führt deshalb schnell dazu, dass der Hund keine Autorität empfindet und somit auch kein Gefühl der Sicherheit hat. Im Ergebnis wird Ihr vierbeiniges Familienmitglied die Rangordnung infrage stellen. Das gilt ganz besonders für Kinder, die auch von der Größe her instinktiv zu einer Gleichbehandlung neigen. Beobachten Sie ein derartiges Verhalten, sollten Sie schnell einschreiten und beiden klare Verhaltenslinien aufzeigen.

Machen Sie sich bewusst, dass ein Hund sich seinen Besitzer primär nicht aussuchen kann. Er kann zwar eine soziale Beziehung eingehen, aber er kann ihr nicht mehr entkommen. Er muss aus dieser Struktur heraus seine Empfindungen regeln. Sein Überlebensmechanismus sucht nach Sicherheit, und nur darüber wird er sich binden. Fehlt ihm ein Führungsgefühl, wird er instinktiv die Führung übernehmen, vor allem wenn er das seinem »Rudelpartner« Mensch eben nicht zutraut. Dann beginnen in der Familie die Beziehungsprobleme und der Familienhund wird wieder zum Wildtier.

Eine gute Bindung zwischen Mensch und Hund funktioniert nur, wenn die Rollen klipp und klar verteilt sind und nicht infrage gestellt werden können. Ein Hund bleibt ein guter Partner, wenn er weiß, dass jemand ihm zeigt, wo es lang geht, und wenn er jemanden hat, an dem er sich orientieren kann. Im Alltag, unterwegs, wie zu Hause in der Familie. Voraussetzung für eine funktionierende Bindung ist dabei das Verständnis Ihnen gegenüber als Partner. Deshalb ist es wichtig, dass Sie die Sprache der Hunde verstehen (siehe Seite 42). Auch die Charaktere sollten zusammenpassen. Ein eher ruhiger Geselle kommt mit einem vierbeinigen »Krawallbruder« sicher nicht gut zurecht. Allerdings kann es auch Spaß machen, sich durch den Hund motivieren zu lassen. Die Charaktere können sich also auch gut ergänzen.

Bindung aufbauen – von Anfang an

Für den Hund mag die Beziehung zu uns Zweibeinern eine »Zweckgemeinschaft« sein, wir aber können getrost von Freundschaft sprechen – wenn die Bindung funktioniert.

Erstes Kennenlernen

Die erste Begegnung mit Zweibeinern ist für den Hund prägend. Die Freude bei Hundefreunden und vor allen Dingen Kindern ist natürlich groß, wenn sie einem zappelnden, wolligen Welpen begegnen. Sie wollen ihn knuddeln, in die Arme nehmen und ans Herz drücken. Diese Überschwänglichkeit kann von dem Hund aber auch falsch verstanden werden, vielleicht fühlt er sich sogar bedroht. Beim ersten Mal sollten alle Beteiligten Ruhe ausstrahlen, das gilt ganz besonders für Kinder, die in ihrer lauten Freude oftmals die Alarmglocken beim Hund zum Läuten bringen. Achten Sie deshalb darauf, dass Ihr Nachwuchs dem Welpen ruhig und leise – das erste Kennenlernen kann nach Absprache mit dem Züchter bereits vor dem Abholen in der dritten Lebenswoche stattfinden – begegnet. Kinder sollten den Welpen nicht gleich auf den Arm nehmen und mit ihm herumlaufen, sondern sich vor den Welpen hocken, sich beschnuppern lassen oder anderweitig Kontakt aufnehmen. Welpen, die ein Kind meiden, sollten auch nicht ausgewählt werden.

So schwer es fallen mag, auch für Sie gilt: Zeigen Sie anfangs lieber ein wenig Desinteresse. Das macht den Hund neugierig und er wird auf Sie zukommen. Hocken Sie sich hin und drehen sich zur Seite, warten Sie, bis der Hund an Ihnen herumschnuppert. Dann können Sie sich ihm zuwenden, ihn streicheln und sich vorstellen. Bleiben Sie ruhig, das wirkt auf den Hund souverän, und bewegen Sie sich langsam, das strahlt Sicherheit aus. Das gilt im Prinzip für jede »erste« Begegnung mit einem Hund. Es gilt immer ein Grundsatz: Der Hund geht zum Menschen, nicht umgekehrt! Wenn er den Kontakt meidet, kann es sein, dass ihn etwas ängstigt.

Der Beginn einer großen Freundschaft

In der ersten Zeit möchte man den neuen Familienzuwachs natürlich verwöhnen. Er soll ja merken, wie schön er es im neuen Zuhause hat. Aber auch das bekommt der Hund in den falschen Hals. Es ist wie bei kleinen Kindern: Reicht man ihnen den kleinen Finger, nehmen sie gleich die ganze Hand. Vom ersten Tag an müssen klare Grenzen gesetzt werden. Sie sollten den Hund nicht zu sehr verwöhnen und ihm auch nicht alles gestatten, weil er ja noch neu oder so klein ist. Ein Hund fühlt sich nur wirklich wohl, wenn ihm kontinuierlich die Regeln aufgezeigt werden. Er muss wissen, was Sie von ihm wollen, Sie müssen für ihn planbar sein. Ein »Hü« und »Hott« verwirrt den Hund. Eine klare Linie schafft Vertrauen. Emotionale Stimmungsschwankungen, die für den Hund in keinem Zusammenhang stehen, machen ihn unsicher und nervös. Ein Hund muss erst den Menschen richtig kennenlernen. Er braucht zunächst eine gewisse Zeit, um Sie einschätzen zu können.

FAMILY-TIPP

Vor allem bei der Begegnung mit Welpen: Viel Ruhe ausstrahlen. Kinder sollten Welpen nicht herumtragen, sondern sich zu ihnen hocken. Kontakt vom Hund ausgehend zulassen, nicht umgekehrt. Sie sollten sofort mit der Erziehung beginnen, wenn der Hund ins Haus kommt, und mit Liebe, Ruhe und Konsequenz Regeln aufstellen.

Das Zusammenleben mit dem Hund

Kinder sehen den neuen Freund als Spielkameraden. Das soll auch so sein, nur sollten Sie das Wann, Wo und Wielange reglementieren. Ein Welpe sollte körperlich noch nicht stark belastet werden. Kurze Spaziergänge und lange Ruhephasen bestimmen die erste Zeit. Ein Welpe schläft bis zu 18 Stunden am Tag. Auch wenn es für Sie langweilig ist, gönnen Sie ihm diese Ruhe. Die benötigt er für eine gesunde Entwicklung. Geben Sie Ihrem Kind zum Ausgleich Pflege und Betreuungsaufgaben und binden es damit vom ersten Tag an in die Hundehaltung mit ein. Da ist das Wasser aufzufüllen oder der Fressnapf zu befüllen. Die Aufgaben können vielfältig sein.

Das Haus oder die Wohnung sollte nicht zum Spielplatz umgebaut werden. Der Spruch »Hier herrscht Ruhe und Ordnung« ist in den eigenen vier Wänden angebracht. Spiel, Sport und Spaß sollten nach draußen verlagert werden. So kann sich Ihr Familienhund zu Hause besser auf Ihre Familie konzentrieren, er ist nicht durch äußere Reize abgelenkt. Sie können in der ruhigen Umgebung außerdem viel besser erzieherischen Einfluss ausüben. Draußen hingegen erfährt der Hund Spiel und Spaß. Das hilft ihm, die Aufmerksamkeit auf seinen Halter zu richten und sich nicht dem Jogger zuzuwenden.

FAMILY-TIPP

Regeln, Abläufe und Grenzen sollten dem Hund vom ersten Tag an vermittelt werden. Bereits getroffene Übereinkünfte sollten Sie nicht durch hündische Blicke aufweichen lassen. Wohnung ist Ruheplatz, draußen wird gespielt und getobt.

Einordnen oder unterordnen – die Rangordnung

Nicht jeder Mensch ist ein geborener Rudelführer, und Hunde sind perfekt darin, die Schwächen des anderen auszunutzen. Bevor Sie sich also einen Hund anschaffen, sollten Sie sich im Klaren darüber seien, dass Sie von nun an die Verantwortung für ein weiteres Familienmitglied tragen, das ein wenig anders funktioniert als ein Kind. Gebrüll und Liebesentzug gehören weder in die Kindererziehung noch in die Hundehaltung. Strafarbeiten sollten nicht verhängt werden, da ein Hund Gesamtzusammenhänge nur dann erkennen kann, wenn diese in einem sehr engen zeitlichen Zusammenhang stehen (siehe Seite 72). Für Geschehnisse in der Vergangenheit bestraft zu werden oder Sanktionen zu erhalten – das begreift kein Hund! Während man es (s)einem Nachwuchs noch erklären kann, sind Hunde für Erläuterungen nicht zugänglich. Lange Erklärungen und Diskussionen gegenüber dem Hund sind also überflüssig (siehe Seite 49). Souveränität und Ruhe ist die erste Bürgerpflicht.

Eine Rangordnung wird nicht durch Lautstärke und Härte festgelegt, sondern erfolgt über viele kleine Gesten im täglichen Miteinander. Die Verteilung von Ressourcen, wie Spielzeug, lukrative Plätze etwa auf dem Sofa oder Vorteile, beeinflussen entscheidend die Rangordnung. Wer mehr darf, wer mehr nutzt als der andere, legt auch fest, wer mit benutzen darf. Die Ressourcen im heimischen Bereich sollten deshalb Sie als »Familienoberhaupt« verwalten. Sie sollten festlegen, wann der Hund etwas und wie lange er es benutzen darf. Dafür müssen ganz gezielt Leistungen abverlangt werden, nach dem Motto: Nichts im Leben ist gratis!

Sind die Regeln klargestellt, könnte der Hund im Prinzip auch mit im Bett schlafen oder auf dem Sofa liegen. Dann darf er unter dem Esstisch ruhen und als Erster aus der Tür laufen oder wieder hinein. Wenn er das Grundprinzip verstanden hat, kann er sich auch zurücknehmen und muss nicht um Dinge kämpfen, die ihm nicht gehören.

Bindung aufbauen – von Anfang an

Bereits in jungen Jahren testet ein Hund die Rangordnung aus. Da hat er beim Kleinkind natürlich leichtes Spiel. Hier müssen Sie als Hundehalter ausgleichend einwirken.

Das richtige Maß zu finden, fällt vielen Hundehaltern aber schwer. Hunde dürfen häufig alles oder gar nichts. Hundehalter übertragen oft das eigene Freiheitsempfinden auf ihr Tier. Das Ergebnis sind völlig überforderte Vierbeiner, deren Welt kompliziert und nicht durchschaubar erscheint. Im anderen Extrem grenzen Besitzer ihren Hund so stark ein, dass er, wenn er mal von der Leine gelassen wird, unkontrollierbar durch die Gegend rast.

Hunde sind genauso ehrlich wie Kinder. Sie kennen keine Täuschungsmanöver und lügen nicht. Deshalb funktioniert die Kommunikation zwischen diesen Zwei- und Vierbeinern im Prinzip auch gut. Beide geben sich ihren Gefühlen hin. Das sollten Sie in der Erziehung berücksichtigen. Ehrlich währt am längsten – und hält die Familie zusammen.

Ein Sprichwort sagt: Wie du denkst, so handelst du. Sich in sein Tier hineinversetzen zu können ist die Basis für jedes Handeln. Es ist Ihre Aufgabe, Ihr Tier zu verstehen. Die eine Hundepersönlichkeit braucht mehr Kontrolle, die andere hingegen mehr Freiraum. Es gibt keine generelle Patentlösung. Das Verhalten des Hundes ist immer ehrlich. Ein Hund handelt nicht »hinten herum«, sondern drückt seine Gefühle klar und unmissverständlich aus. Am Fehlverhalten Ihres Hundes spiegelt sich somit entweder Ihr mangelnder oder falscher Einfluss wider. Gemessen daran müssen Sie in der Lage sein, sich zu überprüfen und Ihr Verhalten kritisch zu hinterfragen. Oft ist es mangelnde Autorität unsererseits, die zu Fehlverhalten führt.

Autorität wird allerdings oft mit Durchsetzungskraft verwechselt. Das können wir in der Hundehaltung oft

Das Zusammenleben mit dem Hund

beobachten. Der Hund wird Autorität aber nur anerkennen, wenn sich sein Verhalten für ihn lohnt und nicht, wenn er dazu gezwungen wird. Dann wird sein Besitzer sich auch bei ihm ohne Probleme »durchsetzen« können. Autorität steht für beschützen, nicht für beherrschen und bedeutet in erster Linie Führen. Erzwungene Anerkennung von Autorität aufgrund körperlicher Überlegenheit, kann beim Familienhund zur Auflehnung führen. Der Gehorsam des Hundes sollte deshalb nicht erzwungen werden. Fördern Sie vielmehr das freiwillige Handeln Ihres Hundes über bewusst gesetzte Motivation.

FAMILY-TIPP

Gebrüll und Liebesentzug gehören nicht in die Erziehung. Sanktionen für Handlungen, die länger als ein paar Sekunden vergangen sind, versteht kein Hund. Bestätigung oder Sanktion für eine Handlung des Hundes muss für ihn immer im direkten Zusammenhang stehen. Sie haben nicht mehr als zwei Sekunden Zeit für eine Reaktion auf die hündische Tat.

Die Möglichkeit zum Zugriff auf bestimmte Gegenstände, lukrative Plätze oder Vorteile beeinflusst die Rangordnung. Der Mensch sollte über alle erstrebenswerten Gegenstände, Besonderheiten und Plätze bestimmen. Teilen Sie ein, wann Ihr Hund was und wie lange nutzen darf. Überlassen Sie ihm Vorteile oder Objekte, Futter oder Plätze nicht einfach so. Fordern Sie dafür Leistungen Ihres Hundes.

Bindung durch Blickkontakt

Die Grundlage jeder Erziehung und somit der Bindung ist der Blickkontakt. Ohne diesen funktioniert auch in der Beziehung Mensch-Hund überhaupt nichts. Das Motto »Schau mir in die Augen, Kleines!« bedeutet Aufmerksamkeit, und haben Sie diese, ist der Rest nicht mehr schwer. Tiefe Blicke sind leicht zu lernen. Ist Ihr Hund gerade mal wieder mit etwas beschäftigt, flüstern Sie seinen Namen. In dem »Augenblick«, in dem er sich zu Ihnen dreht und Sie anschaut, loben oder belohnen Sie ihn. Sie können sich auch ein Leckerli vor die Nasenspitze halten, die liegt nämlich zwischen Ihren Augen, und wenn der Hund lange genug hinschaut, bekommt er das Objekt seiner Begierde »geschenkt«. Wiederholen Sie die Übung immer wieder und verlängern dabei immer mehr den »Augenblick«. Hat Ihr Hund das gelernt, reicht später ein kleiner Ruf des Namens, und Sie haben seine volle Aufmerksamkeit. Nun können Sie ihm sagen, was Sie von Ihm wollen. Später wird der Hund sich automatisch fragend nach Ihnen umdrehen, wenn er wissen will, was er nun tun soll oder unsicher ist.

Bindung lässt sich trainieren

Wenn Sie unterwegs sind und Ihr Hund läuft voraus, bleiben Sie einfach stehen oder wechseln Sie die Richtung. Wenn sich Ihr Hund nach Ihnen umdreht, loben Sie ihn sofort, loben Sie ihn noch mehr, wenn er zu Ihnen zurückläuft. Entweder mit Leckerli oder einem Spiel. Variieren Sie die Belohnung, denn auch für den Hund gilt: Nichts ist langweiliger als Routine. Schimpfen Sie niemals, wenn Ihr Hund nach einem Reißausversuch oder einer fröhlichen Hatz zu Ihnen zurückkommt. Er verbindet Ihre schlechte Laune und Bestrafung mit dem Zurückkommen und wird nur lernen, dass es sich nicht lohnt, zu Ihnen zu kommen.

»Augen zu und durch« gibt es in der Hundeerziehung nicht. Der Blickkontakt ist alles, und das Training bereitet auch Kindern Vergnügen. Zeigen Sie Ihrem Nachwuchs, wie er spielend den Hund »hypnotisieren« kann. Das Kind sollte versuchen, ein Leckerli auf der Nase zu balancieren. Ihr vierbeiniges Familienmitglied wird das sicherlich aufmerksam verfolgen – und den Blickkontakt suchen. Wenn sich Ihr Hund gerne so weit entfernt, dass er nicht mehr zu kontrollieren ist, müssen Sie konsequent sein: Bewegen Sie sich souverän von ihm weg und orientieren Sie sich eben nicht an seiner Laufrichtung. Die Bindungsbereitschaft des Hundes ergibt sich nämlich aus seinem natürlichen Bedürfnis nach Schutz. In der Nähe bleiben, das bedeutet für den Hund sicher sein. Wenn er aber weiß, dass sein Mensch ihm überall hin folgt und ihn auch sucht, wird er die Bindungsbereitschaft verlieren.

Deshalb: Läuft er ein paar Meter voraus, locken Sie ihn mit etwas, was noch interessanter ist als das, was er möglicherweise gleich in der Nase (Wildgeruch) oder im Auge (Jogger, Mountainbiker) hat. Verstecken Sie zum Beispiel ein paar Leckerlis hinter einem Baum oder im Gebüsch und lassen Sie ihn suchen. Zeigen Sie ihm: Am interessantesten ist es bei Ihnen. Die Aufgabe, eine Belohnung zu übergeben, können gern die Kinder übernehmen. Beim Abrufen (siehe Seite 69) sollte aber nicht die ganze Familie beteiligt sein. Ansonsten verliert der Ruf als Kommando und Aufforderung seine Wirkung. Suchspiele sind nicht nur für Kinder, sondern auch für Hunde ganz besonders spannend. Kombinieren Sie doch beide Interessen: Das Kind darf sich verstecken, der Hund darf suchen. Das Auffinden wird dann zum freudigen Spektakel, eine tolle Belohnung.

Was die Bindung stärkt

Hunde berühren sich immer mal wieder gegenseitig, das stärkt das Zusammengehörigkeitsgefühl, ist also ein Bindungssignal. Machen Sie ihm das nach. Streicheln Sie im Vorbeigehen seinen Körper. Sucht er Ihre Nähe, belohnen Sie ihn mit Zärtlichkeiten, aber drängen Sie sich nicht auf, verfolgen Sie ihn nicht, wenn Sie ihn streicheln möchten. Diese Geste sollte etwas Besonderes bleiben. Aus diesem Grund sollten auch die Kinder nicht ständig dem Hund nachlaufen, sondern der Hund sollte animiert werden, ihnen nachzulaufen. Ein Wettlauf macht Kind und Hund Spaß. Dazu geben Sie Ihrem Nachwuchs einen altersgerechten Vorsprung und schicken den vierbeinigen Spielpartner dann zur Verfolgung. Das Aufeinandertreffen ist geprägt von Freude und Berührungen. Beachten Sie aber das Wesen ihres Hundes, denn solch ein Spiel macht nur dann Spaß, wenn Ihr Kind nicht umgerannt, geschubst oder am Ärmel gezerrt wird.

Beim Training und unterwegs ist der Blickkontakt unerlässlich und auch eine Streicheleinheit hier und da fördert die Bindung. Aber es sollte immer etwas Besonderes bleiben.

Das Zusammenleben mit dem Hund

Vertrauen ist die Grundlage für jede gut funktionierende Bindung. Kindern fällt das von Natur aus oft viel leichter als uns Erwachsenen.

Bindung basiert auf Vertrauen, und so sollte auch die Kommunikation des Hundes vertrauensvoll gestaltet sein. Freudige hohe Töne werden von Hunden als positiv empfunden. Zudem finden sie körpersprachlich all das interessant und toll, was sich klein macht, sich entfernt oder in Bewegung ist. Rufen Sie Ihren Hund freudig und mit heller Stimme, gehen Sie dabei in die Hocke, klatschen oder wedeln Sie mit den Händen. Kinder haben es da natürlich leichter, sie müssen sich nicht erst klein machen, und bis zum Stimmbruch liegt die Frequenz sowieso im höheren Bereich.

Bindung basiert auch auf dem Motto: Es lohnt sich! Deshalb sollte die Beziehung lukrativ gestaltet werden, also auch gewinnbringend und profitabel für den Hund. Bindungsbereitschaft lässt sich nicht aufrechterhalten, wenn der Hund bereits alles hat. Es bedeutet vielmehr, sich etwas Begehrtes über seinen Bindungspartner Mensch zu erarbeiten, der diese Annehmlichkeiten verwaltet. Dazu gehört das Futter ebenso wie tolle Plätze und spannende Erlebnisse. Überlassen Sie Ihrem Hund nicht alles aus Liebe und Zuneigung ohne Gegenleistung, nur aus der Sehnsucht, seine Liebe zu erhalten. Nutzen Sie die Möglichkeit, Annehmlichkeiten und Privilegien zu verteilen, als Belohnung.

Jede Interaktion stärkt die Bindung, erhöht das Vertrauen und macht Spaß. Nicht lange und Sie und Ihr Hund sind ein eingespieltes Team, funktionieren wie ein altes Ehepaar. Es soll ja sogar vorkommen, dass sich im Laufe der Zeit Hund und Halter auch äußerlich näherkommen. Wenn das kein Zeichen von Bindung ist …

Auf die Plätze, fertig, los – die Grundkommandos

»Sie haben wohl ihren Hund nicht unter Kontrolle!« – Diesen Satz muss sich so mancher Hundehalter anhören, wenn sein Vierbeiner mal wieder Unsinn anstellt oder ausgebüxt ist. Also gilt auch hier der Satz: »Vertrauen ist gut, Kontrolle ist besser!« Ihre Familie ist zwar keine Kommandozentrale, aber die Mitglieder sollten schon paar Grundbefehle »auf Tasche« haben, damit das Zusammenspiel zwischen Ihnen und dem vierbeinigen Familienmitglied im Alltag und unterwegs auch ohne Leine funktioniert.

Der Schlüssel zum Erfolg liegt in der Kürze. Ein einfaches »Sitz« ist für den Hund leichter zu verstehen als »Kannst du dich jetzt mal bitte hinsetzen, sonst werde ich echt sauer!«, »Hier« besser als »Ich hab´ dir doch gesagt du sollst herkommen, hast du mich nicht verstanden?«. Bei langen Sätzen versteht der Hund Bahnhof und schaltet schnell auf Durchzug. Es ist auch überflüssig, nur den Namen zu rufen, ohne dem Hund zu sagen, was er machen soll. Der Name des Hundes, bedeutet für ihn lediglich Kontaktaufnahme. Schaut er Sie erwartungsvoll an, nachdem er seinen Namen gehört hat, sollte er mit einem Folgekommando, einer Aufforderung oder einem Lob immer bestätigt werden. Nur dann lernt Ihr Hund, dass es sich in jedem Fall für ihn lohnt, auf seinen Namen zu hören.

Wichtig: Alle Familienmitglieder sollten sich auf dieselben Worte für das geforderte Verhalten einigen und diese auch konsequent benutzen. Geduld gehört zum Training, denn ein Hund benötigt einige Wiederholungen, bevor er ein Kommando mit seinem Verhalten verknüpfen kann. Eine wichtige Rolle spielt auch das richtige Timing. Damit der Hund Ihren gesprochenen Befehl mit der Handlung in Verbindung bringen kann, bleibt nur eine kurze Zeitspanne von etwa zwei Sekunden. Das Lob für sein richtiges Handeln muss also unmittelbar danach erfolgen. Bleiben Sie ruhig, freundlich und geduldig.

Bereits nach den ersten Erfolgen, sollten Sie eine Trainingspause einlegen. Und die nächste Ausbildung mit dem beginnen, womit sie aufgehört haben. Ein Training sollte grundsätzlich mit einem Erfolg, egal wie groß, abgeschlossen werden. Wenn etwas Neues mal einfach nicht klappen möchte, dann beenden Sie die Ausbildung mit einer alten Übung, mit etwas, was der Hund vielleicht schon gut kann. Aber enttäuscht oder gefrustet aufzuhören, verdirbt den Spaß. Jeder Spaziergang, jede Beschäftigung mit dem Hund sollte Übungen beinhalten. Es fördert Vertrauen, Bindung und geistige Aktivität.

FAMILY-TIPP

Futter ist das natürlichste und begehrteste Trainingshilfsmittel. Den Hunden geht es da so wie den Menschen: Ein Lob vom Chef ist zwar gut, aber die Gehaltserhöhung immer noch besser.

Das Zusammenleben mit dem Hund

Absetzen – »Sitz«

Stellen Sie sich vor Ihren Hund und zeigen Sie ihm das Futter in Ihrer Hand. Führen Sie es nun langsam über seinen Kopf. Er setzt sich, um die Leckerei nicht aus den Augen zu verlieren, automatisch hin. Zeitgleich dazu erfolgt das Kommando »Sitz« und die Futtergabe. Wiederholen Sie die Abläufe so lange, bis sich der Hund beim Kommando »Sitz« in Erwartung seines Futters selbstständig hinsetzt. Sie können »Sitz« durch einen ausgestreckten erhobenen Zeigefinger körpersprachlich unterstützen.
Hat der Hund bereits die Grundzüge verstanden, ist es an der Zeit, auch das Kind aktiver einzubinden und mitüben zu lassen. Zeigen Sie zuvor, wie Sie es gemacht haben, und lassen es das Kind einfach wiederholen. Ab welchem Alter Kinder in die Ausbildung integriert werden können, hängt vom Entwicklungsstand und der Persönlichkeit des Kindes ab. Bei der Sitzübung können bereits Vierjährige die Lerninhalte erfassen und umsetzen. Die Übung sollte aber nicht als Gehorsamsübung aufgebaut sein, sondern über Motivation erfolgen. Nicht jeder Hund lässt sich nämlich von Kindern zu bestimmten Verhaltensweisen zwingen. Nur wenn Sie beachten, dass ihr Kind nicht fordert, sondern den Hund motiviert, beeinflussen Sie die Qualität der Beziehung zwischen Kind und Hund positiv.

Übungsablauf, Bilder links

1 | *Futter als Belohnung aktiviert die Leistungsbereitschaft des Hundes. Er sucht die Nähe zum Futtergeber mit dem Ziel, an die Nahrung zu kommen. Um ans Ziel zu kommen, können auch andere Gegenstände benutzt werden (zum Beispiel Ball, Dummy, Stöckchen).*

2 | *Hat der Hund Ihre Nähe gesucht, wird der benutzte Gegenstand langsam über seinen Kopf geführt, was ihn dazu bringt, sich zu setzen. Denn schließlich bleibt nur so der Gegenstand bzw. das Futter in seiner Reichweite.*

3 | *Das Hinsetzen des Hundes wird nun mit Sichtzeichen (Beispiel: ausgestreckter Zeigefinger) und Hörzeichen (Kommando: »Sitz«) begleitet. Mehrere Wiederholungen der Übungsabschnitte verknüpfen beim Hund das Kommando mit seiner Reaktion.*

Auf die Plätze, fertig, los – die Grundkommandos

Ablegen – »Platz«

Kann der Hund »Sitz«, ist es Zeit für »Platz«. Nehmen Sie dazu erneut etwas Futter in die Hand und legen Sie diese verschlossen und mit den Fingern nach unten vor den Hund auf den Boden. Ziehen Sie nun die Hand vom Hund weg. Sobald seine Nase Ihrer Hand folgt und er seinen Körper senkt und in die erwünschte Position rutscht, ertönt das Kommando »Platz« und Ihre Hand öffnet sich.

Bei kleinen und mittelgroßen Hunden kann man das Tier durch das eigene angewinkelte Bein locken oder alternativ unter einem Stuhl durch. Nehmen Sie auch dazu etwas Futter in die Hand, legen Sie diese verschlossen und mit den Fingern nach unten vor den Hund. Ziehen Sie nun die Hand vom Hund weg und locken Sie ihn durch ihr angewinkeltes Bein oder durch den Stuhl. Er wird sich nun hinlegen müssen, um an das Futter zu gelangen. In diesem Moment sagen Sie »Platz«, drehen die Hand um, öffnen diese und lassen ihn an seine Belohnung. Wiederholen Sie diese Übung zunächst so lange, bis sich der Hund von allein ablegt und er dazu nicht mehr durch das Bein gelockt werden muss.

Steigern Sie den Schwierigkeitsgrad der Übung, indem Sie vom Hund dasselbe Verhalten verlangen, dabei aber stehen bleiben. Beugen Sie sich mit derselben Handbewegung und gleichem Kommando zu ihm. Wiederholen Sie auch diese Übung zunächst so lange, bis sich der Hund auf das Kommando und das Handzeichen von allein ablegt. Werden Sie in Ihrer Haltung von Mal zu Mal aufrechter und begleiten Sie das Hörzeichen »Platz« nur noch über die Hand am sich langsam absenkenden, ausgestreckten Arm. Klappt auch das gut, verzögern Sie langsam die Futtergabe.

Im dritten Abschnitt der Ausbildung lassen Sie nun Ihren Hund etwas warten. Er hat ja bereits gelernt, was er tun

Übungsablauf, Bilder rechts

1 | *Wie im Trainingsabschnitt »Sitz« dient auch hier ein Motivationsmittel dazu, die Leistungsbereitschaft des Hundes zu fördern. Bei kleinen und mittleren Rassen hat sich folgende Vorgehensweise bewährt: Führen Sie die Hand mit dem Futter in dieser »Platz«-Übung durch Ihr angewinkeltes Bein und locken Sie somit den Hund hindurchzukriechen. Sobald er liegt, ist diese »Platz«-Position wieder mit Sicht- und Hörzeichen zu begleiten.*

2 | *Nach mehreren Wiederholungen reagiert Ihr Hund auf die benutzten Sicht- und Hörzeichen in Erwartung seiner Belohnung. Die Signale werden nun langsam aus der Hocke in den Stand übertragen. Sobald der Hund liegt, lösen Sie mit der Belohnung sein Verhalten wieder auf.*

Das Zusammenleben mit dem Hund

soll. Nun lernt er, dass es sich für ihn auch lohnt, kurze Zeit zu warten.

Jetzt kann auch wieder das Kind in das Training integriert werden. Wie bei der Sitzübung machen Sie das richtige Vorgehen zunächst vor. Zeigen Sie auch Ihrem Hund, dass seine Belohnung nun vom Kind ausgeht. Lassen Sie das Kind üben und korrigieren Sie rechtzeitig, denn alles, was geschieht, liegt in Ihrer Verantwortung. Erwarten Sie deshalb nicht, dass Ihr Kind seine Verhaltensweisen und Reaktionen gegenüber dem Hund versteht und sich der Konsequenzen daraus bewusst ist. Beißunfälle sind zumeist auf Fehlverhalten gegenüber dem Tier zurückzuführen. Deshalb ist es wichtig, dass Sie die Aufgaben und Rechte Ihres Kindes im Umgang mit dem Hund dem geistigen und körperlichen Entwicklungsstand beider anpassen.

»Bleib«

Wenn Ihr Hund gelernt hat, sich auf ein Hörzeichen zu setzen und hinzulegen, kann man nun das Hörzeichen »Bleib« trainieren. Legen Sie dazu den Hund ab und gehen Sie zunächst ein paar Schritte, etwa zwei bis fünf Meter, von ihm weg. Schauen Sie ihn dabei an und signalisieren Sie ihm mit dem Wort »Bleib« und einem Handzeichen, dass er an seinem Platz bleiben soll. Dann gehen Sie wieder zum Hund, gehen um ihn herum und im Anschluss noch mal zwei bis fünf Meter weg. Sollte Ihr Hund versuchen, aufzustehen und zu ihnen zu wollen, dann reagieren Sie sofort. Bringen Sie ihn wieder auf seine Position. Sobald er liegt, loben Sie ihn wieder und setzen die Übung fort. In der Folge dehnen Sie nun die Wartezeit für den Hund etwas aus und vergrößern den Abstand zu ihm. Klappt auch das gut, integrieren Sie das Kommando »Komm«, der Hund darf zur Belohnung zu Ihnen laufen, wo ein Spiel beginnt oder die Futterbelohnung wartet. Beenden Sie die Trainingsabschnitte immer mit einem Erfolg.

1 |

2 |

Übungsablauf, Bilder links

1 | *Das Kommando »Bleib« kann aus der Sitz- oder Platz-Position geübt werden. Die gleichbleibenden Signale sind dabei von ausschlaggebender Bedeutung. Nachdem sich Ihr Hund in der Sitzposition befindet, signalisieren Sie mit ausgestrecktem Arm und gehobener Hand, begleitend mit dem Hörzeichen »Bleib«, dass er diese Position für eine Weile halten soll.*

2 | *Wie beim »Sitz« ergibt sich aus dem »Platz« derselbe Ablauf. Bewegen Sie sich nun rückwärts langsam vom Hund weg und vergrößern Sie die Entfernung. Wiederholen Sie zunächst bei jedem Schritt das Sicht- und Hörzeichen »Bleib«. Das Loben nicht vergessen. Nach etwa fünf Metern rufen Sie den Hund zu sich und geben ihm seine Belohnung.*

Auf die Plätze, fertig, los – die Grundkommandos

Heranrufen: »Komm«

Dieses Signal dient als Auflösungskommando und somit als eine Art Freizeichen. Das Ziel ist, Ihren Hund aus einer eingeforderten Position freizulassen. Er wird durch den Wunsch, zu Ihnen zu kommen, motiviert. Es dient als Übung, um ihn später aus brenzlichen Situationen abrufen zu können.

Diese Ausbildung erfolgt aus der Bleibposition mit abgelegtem Hund. Sie begeben sich langsam etwas von Ihrem liegenden Hund weg. Geben Sie ihm dabei aber immer wieder die Signale »Platz« und »Bleib«. Bleibt er liegen, loben Sie ihn mit »Brav«. Nun erhält er mit »Komm« die Aufforderung zu Ihnen zu dürfen. Es kann sein, dass er zunächst erstmal nur zuckt und zweifelt, weil er nicht genau versteht, was gemeint ist. Machen Sie sich deshalb interessant, wedeln Sie vielleicht mit den Armen, als wollen Sie ihn umarmen. Seien Sie aktiv! Sobald er ankommt, freuen Sie sich und geben ihm seine Belohnung. Im weiteren Verlauf dieser Ausbildungsstufe wird die Zeit zwischen Liegenbleiben und Ihrem Abrufen langsam verlängert und auch der Abstand zu Ihrem Hund schrittweise vergrößert. Sie können das »Komm« körpersprachlich mit einem senkrecht ausgestreckten Arm unterstreichen. So sieht der Hund auch aus großer Distanz, was Sie von ihm wollen und Sie schonen Ihre Stimmbänder. Wenn auch das gut funktioniert, ist wieder der eigene Nachwuchs an der Reihe. Die Übung »Bleib« und »Komm« wird dem Kind zunächst in Kombination vorgemacht und erklärt. Stellen Sie Ihr Kind dann an die Position, von der aus Sie Ihren Hund gleich zu sich rufen. Wenn er angelaufen kommt, überreicht das Kind die Belohnung. Nun werden die Übungsaufgaben schrittweise und in umgekehrter Reihenfolge dem Kind übergeben. Zunächst lediglich das Abrufkommando, dann das Kommando zum Liegenbleiben und ganz am Schluss letztendlich auch das Kommando zum Hinlegen. Funktionieren die einzelnen Ausbildungsteilabschnitte, kann nun der ganze Ablauf vom Kind durchgeführt werden.

Beachten Sie aber auch, dass die eigenen Kinder zum Rudel des Hundes gehören. Ihnen gegenüber zeigen sie zumeist viel Toleranz und Geduld. Das gilt nicht unbedingt für fremde Kinder.

Führen Sie zunächst diese Übung an ruhigen Orten aus. Kombinieren Sie die Platz-, Bleib- und Komm-Übungen miteinander. Erst wenn es ohne Ablenkungen gut funktioniert, wird das Training in die Öffentlichkeit verlegt.

Abrufen: »Hier«

Dieses Kommando baut auf der »Heranruf-Übung« auf. Sichern Sie dazu Ihren Hund zunächst mit einer langen Leine (10 m). Lassen Sie Ihren Hund ruhig Freiraum und ignorieren ihn dabei. Wenn er etwas abgelenkt ist und

Mit der Schleppleine behalten Sie auch im Abstand Kontrolle über Ihren Hund. Auch wenn dieser sich frei fühlt – ein kleiner Zug und er wendet sich Ihnen wieder zu.

Das Zusammenleben mit dem Hund

Die einfachen Grundkommandos kann auch das Kind dem Hund beibringen. Das fördert die Bindung ebenfalls.

FAMILY-TIPP

Grundkommandos sind »kinderleicht«, deshalb können Sie nach den ersten Trainingseinheiten auch Ihr Kind mit einbeziehen. Bei den einfachen Übungen dürfen sogar schon die ganz Kleinen mitmachen und den Hund animieren.
Motivationsmittel sollten die natürlichen Bedürfnisse des Hundes ansprechen. Futter ist dafür besonders geeignet. Nutzen Sie einfach einen Teil seiner Trockennahrung. Die Handfütterung wirkt wie ein ganztägiges mobiles Buffet.

vielleicht irgendwo schnuppert, rufen Sie seinen Namen und, wenn er schaut, das Kommando »Hier«. Nutzen Sie dabei dieselben Sichtzeichen wie beim Kommando »Komm«. Sind Sie in unmittelbarer Nähe, wedeln Sie mit den Armen und sind aktiv. Sind Sie weiter weg, heben Sie den Arm senkrecht in die Luft. Da der Hund dieses Signal schon mit der Heranruf-Übung verknüpft hat, fällt es ihm nun leicht, einen Zusammenhang herzustellen. Sobald Ihr Hund zu Ihnen gekommen ist, bestätigen Sie ihn mit seinem Futter und schicken ihn danach sofort wieder weg. Sollte Ihr Hund nicht gleich zu Ihnen kommen, dann setzen Sie über die lange Leine einen kurzen Impulsreiz. Sobald sich der Hund nun in Ihre Richtung bewegt, motivieren Sie ihn. Kommt er an, bestätigen Sie ihn mit dem Futter und schicken ihn danach sofort wieder weg. Wiederholen Sie nun diese Übung so lange, bis der Hund von sich aus auf das einmal gesprochene Hörzeichen sofort zu Ihnen kommt. Führen Sie diese Übung auch zunächst nur an ruhigen Orten aus. Erst wenn es ohne Ablenkungen gut funktioniert, wird das Training an öffentliche Orte verlagert. Rufen Sie Ihren Hund niemals, wenn Sie sein Abrufen nicht durchsetzen können. Wenn er so stark abgelenkt ist, dass er nicht hören würde, dann bewegen Sie sich von Ihrem Hund weg. Auch kontrolliertes Verstecken ist erlaubt, Sie sehen den Hund – er sie aber nicht. Ihr Hund muss in solchen Situationen lernen, dass es für ihn einen Nachteil bedeutet, wenn er nicht zu Ihnen kommt.

Unterlassen: »Aus«, »Nein«, »Pfui«

Dieses Kommando baut auf einem kleinen Tauschgeschäft auf. Wenn Ihr Hund etwas Unerlaubtes, Unappetitliches ins Maul genommen hat, gibt er es nur freiwillig wieder her, wenn er dafür etwas noch Besseres erhält. Nach diesem Prinzip starten Sie gezielte Übungen zu Hause. Alte Socken oder auch ein Ball können zunächst als Lockmittel dienen. Sobald der Hund diese Objekte

Auf die Plätze, fertig, los – die Grundkommandos

aufnimmt, rufen Sie »Nein«. Lässt er es los, loben Sie ihn sofort und überreichen das Leckerli. Wenn er die Dinge für sich behalten will, machen Sie Ihre Alternative besonders interessant und spannend. Ihr Hund muss lernen, dass Sie immer die besseren Sachen haben.

Erst wenn er das verstanden hat, kann man diese heimischen Spielzeuge mit »verbotenem« Futter austauschen. Dieses Kommando ist wichtig, denn nicht alles, was der Hund an Fressbarem findet, ist gesund. Um Übelkeit und anderen Krankheiten vorzubeugen, sollte der Hund lernen, fremde Nahrung zu meiden.

Denken Sie daran: Auch wenn Ihr Hund diese Kommandos beherrscht, heißt das noch lange nicht, dass Sie sich zurücklehnen können. Erst das Zusammenspiel aus Vertrauen, Bindung und Kommando macht aus dem Vierbeiner einen gehorsamen Begleiter in jeder Situation. Kommandos zur Unterlassung sind keine Kommandos, die Kinder anwenden sollten. Besonders in Situationen, in denen Ressourcen eine Rolle spielen, kommen Kinder in Gefahr. Beuteobjekte, wie Futter oder Ball oder auch andere interessante Gegenstände, können dem Hund zur Demonstration seiner Stellung dienen. In diesen Situationen kann er zur Verteidigung neigen. Gerade Hunde in der Pubertät suchen ihren Platz, den sie über Sicherstellung von Ressourcen optimieren möchten. Jedes »Einmischen« von Kindern kann dann Abwehr- oder Verteidigungsreaktionen des Hundes hervorrufen. Machen Sie also Ihrem Kind deutlich, dass es hier kein Mitspracherecht hat. Häufig sind Kinder instinktiv nonverbal gut in der Lage, richtige Signale zu setzen, wenn der Hund ihnen etwas nehmen möchte. Sollte der Hund sich dennoch Dinge aneignen, reagieren Sie bitte als Erwachsener, übernehmen Sie die Funktion des Schlichters und weisen Sie jedem seine Rolle zu.

Einfacher ist es, wenn Sie das Kinderzimmer zur Tabuzone für den Hund erklären, die er nur nach ausdrücklicher Aufforderung betreten darf. Das erreichen Sie besonders schnell und leicht, wenn diese Regeln vom ersten Tag an gelten.

Hörzeichen-Lexikon

Hörzeichen	Tonlage	Aussage
Name	Neutral	Schau mich an, erwarte etwas
Sitz	Hoch	Setz Dich hin und bleib sitzen, erwarte etwas
Platz	Tief	Leg Dich hin und bleib liegen, erwarte etwas
Bleib	Tief	Warte, bleib, wo Du bist
Komm	Neutral	Du darfst zu mir kommen, Dich erwartet etwas
Hier	Hoch	Jetzt komm schnell und auf direktem Weg zu mir
Aus	Tief	Sofort loslassen/fallenlassen und mir überlassen
Fein/Brav	Hoch	Gut gemacht! Tolle Leistung, erwarte eine Belohnung
Nein	Tief	Hör auf damit oder mach das nicht, lass es
Guck	Neutral	Achtung, erwarte etwas

Aber bitte nicht vergessen: Auch wenn Sie und Ihr vierbeiniges Familienmitglied all diese Kommandos beherrschen: Sie sind nicht bei der Bundeswehr, also bitte immer schön freundlich bleiben und nicht brüllen!

Das Zusammenleben mit dem Hund

Zuckerbrot und Peitsche: belohnen und strafen

Belohnen wir zu viel und strafen zu wenig oder ist es umgekehrt? Was bewirkt unsere Reaktion bei unserem Hund? Wenn wir strafen, erhoffen wir uns doch eine Verhaltensänderung. Im Ergebnis wird oft das unerwünschte Verhalten nur kurzfristig unterdrückt. Deshalb: Fehlt die Einsicht für das falsche Verhalten, ist Strafe wenig wirkungsvoll. Wenn die Einsicht da ist, ist eine Strafe überflüssig.

Mal ehrlich. Würden Sie arbeiten, ohne etwas zu verdienen, ohne eine Gegenleistung erhalten zu wollen? Es muss ja nicht gleich Geld sein, aber ein Dankeschön oder ein wenig Zuneigung würde den Spaß an der Sache doch merkbar erhöhen, oder? Genauso geht es unseren Familienhunden. Auch sie haben Motivation nötig. Und bei Vierbeinern funktioniert das mit am besten über den Ernährungstrieb. Ohne Nahrung kein Dasein.

Mit Futter können Sie fast jeden Hund belohnen, das kann auch leicht Ihr Kind übernehmen. Setzen Sie Nahrung allerdings gezielt und nicht übertrieben ein. Ein Fordern von Seiten des Hundes ist nicht zu bestätigen.

Zuckerbrot und Peitsche: belohnen und strafen

Die Natur hat festgelegt, wie richtiges Verhalten belohnt wird: Hat der Hund gut gejagt, wird er mit der Beute belohnt. Er ist erfolgreich gewesen und frisst sich nun satt. Hat er hingegen bei der Jagd Fehler gemacht und steht mit »leeren Händen« da, wird er versuchen, diesen Fehler nicht noch einmal zu wiederholen, denn das bedeutet für ihn ja, hungrig zu bleiben. Ohne diese natürliche Vorteils- und Nachteilsregel würde sich das Verhalten eines Hundes niemals ändern.

Diesen Ernährungstrieb sollten Sie sich in der Erziehung Ihres Familienhundes zunutze machen. Wenn Sie Ihren vierbeinigen Liebling motivieren wollen, müssen Sie seine natürlichen Bedürfnisse berücksichtigen: Einen Hund, der nicht spielen will, kann man nicht mit Spielzeug motivieren, einen satten Hund mit Futter zu locken, macht ebenfalls wenig Sinn. Passt jedoch noch ein Keks in den unersättlichen Magen Ihres Familienhundes, wird er dafür schon »Sitz« machen. Knurrt Ihrem Hund der Magen, macht er für Sie so ziemlich alles, was Sie von ihm verlangen. So einfach ist das, »Bestechung« ist ein Naturprodukt.

Sie können nur direkt, entweder kurz vor einer gewünschten bzw. unerwünschten Handlung, währenddessen, oder kurz danach »richterlich« auf Ihren Hund einwirken. Wenn Sie Ihren Hund für ein positives Verhalten belohnen oder für ein negatives Verhalten »bestrafen«, müssen Sie auf die Uhr schauen oder leise »21, 22« zählen. Denn mehr als zwei Sekunden dürfen Sie sich dafür nicht Zeit lassen. Ist die »strafbare« oder »lohnende« Handlung länger als zwei Sekunden vorbei, wird Ihr Hund Ihre Reaktion mit seinem Handeln nicht mehr verknüpfen können und deshalb auch nicht lernen. Denn Hunde leben in der Gegenwart, sie können nur die Geschehnisse, die zeitlich wie räumlich direkt miteinander verbunden sind, verstehen.

Hundeerziehung ist eine individuelle Angelegenheit. Nicht jeder fordert das Gleiche von seinem vierbeinigen Familienmitglied. Jede Familie hat einen anderen Anspruch an ihren Hund: Die eine will einen »Entertainer«, die andere nur einen Freizeitbegleiter. Diese Ansprüche müssen natürlich auch der jeweiligen Rasse entsprechen (siehe Seite 19). Aber hier soll es nicht um Dressur gehen, es geht um Gehorsam – Zuhause, im Alltag und unterwegs. Die Familie muss ihr vierbeiniges Mitglied vor Gefahren schützen und dafür sorgen, dass der Hund nicht zur Gefahr für die Umwelt wird. Der Hund soll nicht alles von der Erde fressen, er könnte sich vergiften. Er soll nicht selbstständig über die Straße laufen, damit er nicht unter die Räder kommt. Er soll keine Besucher vertreiben, er ist schließlich nicht der Hausherr, und er soll nicht bellen, Sie wollen ja schließlich das gute Verhältnis zu Ihren Nachbarn wahren.

Für all diese Dinge sind Sie als Hundehalter verantwortlich. Am besten lernt Ihr Hund, wenn Sie ihn positiv motivieren, also belohnen. Soll Ihr Hund zu Ihnen kommen, muss er wissen, dass es sich für ihn lohnt. Also bieten Sie Ihrem

FAMILY-TIPP

Kinder sind nicht in der Position, zu reglementieren, denn sie werden selbst noch erzogen. Der Lehrling, der sich als Lehrmeister ausgibt, wird nicht ernst genommen. Die Beziehung zwischen Hund und Kind lässt sich so am besten vergleichen. Aus diesem Grund sollen kleinere Kinder nicht direkt in die hundliche Erziehung einwirken.

In der Ausbildung können sie unterstützen und in der Pflege des Hundes helfen. Beginnen Sie zunächst mit kleinen und leichten Aufgaben. Zum Beispiel kann das Kind das Futter als Belohnung überreichen.

Das Zusammenleben mit dem Hund

Hund etwas an, stellen Sie etwas in Aussicht. Und all diese wunderbaren Dinge bekommt er eben nur, wenn er sich »anständig« verhält. Als Grundsatz gilt also:

- Konsequenzen unbedingt in zeitlichen Zusammenhang zur Handlung setzen (2 Sekunden)
- Natürliche Bedürfnisse nutzbar machen (Ernährungs-/Beute-/Meute-/Spieltrieb)
- Verhältnismäßigkeit wahren (große Leistung = großer Lohn)
- Wiederholungen dienen zur Festigung erlernter und neuer Verhaltensweisen

Beim Hund lässt sich der Bedarf auf etwas über ein Triebgeflecht darstellen! Dies ist zunächst in drei Wertigkeitsgruppen einzuteilen. Zu diesen drei Grundtrieben, gehören weitere Einzeltriebe, die unabhängig voneinander aktiviert werden können und in ihrer Ausprägung variieren. Wenn Sie bewusst den Einzeltrieb Ihres Hundes aktivieren, wird er sich entsprechend »zu Ihren Gunsten« verhalten. So aktiviert Futter den Ernährungstrieb des Hundes, sofern ein Bedarf vorhanden ist. Nun erfolgt eine Handlung/Reaktion. Erhält der Hund daraufhin das Futter, wird zugleich seine Reaktion über die Triebbefriedigung

Es muss nicht immer Futter sein. Auch eine Kuscheleinheit als sogenannte »Zwischenmahlzeit«, kann für Ihren Hund lohnenswert sein. Und dem Kind bringt es sowieso jede Menge Spaß.

Zuckerbrot und Peitsche: belohnen und strafen

bestätigt und dieser Prozess für zukünftige, vergleichbare Situationen als Erfahrung gespeichert (vgl. das Diagramm rechts). So einfach ist das.

Ernährungstrieb wird über Nahrung aktiviert.
Bewegungstrieb wird über Aussicht auf Freilauf aktiviert.
Jagdtrieb wird über gemeinsame Suchsequenzen aktiviert (Suchspiele).
Beutetrieb wird über Bewegung eines Objektes aktiviert (fliegender Ball, wedelndes Tuch).
Meutetrieb wird über Bindung aufgebaut und über Distanzvergrößerung aktiviert.
Spieltrieb wird über gemeinsame interaktive Objektspiele oder Körperspiele aktiviert.

Bei der Erziehung über Bekräftigung von hundlichen Verhaltensweisen sind vier Formen zu beachten, die Sie ganz individuell gestalten können. Die Grafik auf Seite 76 stellt dabei die Grundformen und auch Beispiele dar. Sie sollten Ihren Hund über Erfolgserlebnisse erziehen. Das sorgt für positive Stimmung in der ganzen Familie. Es gibt unterschiedliche Formen der Belohnung und auch der Bestrafung, die Sie aus der Situation heraus anwenden und dem entsprechenden hundlichen Charakter anpassen sollten. Wichtig: Die Verhältnismäßigkeit muss stimmen. Für negative Konsequenzen gelten zunächst dieselben Regeln wie für eine positive Einflussnahme. Auch hier haben Sie nicht mehr als zwei Sekunden Zeit. Auch die »Bestrafung« ist situationsabhängig und muss dem Charakter des Hundes angepasst werden.

Während Sie bei der Belohnung als Hundehalter direkt auf Ihren Familienhund wirken können, müssen Sie bei einer notwendiger Bestrafung oft stellvertretend für etwas handeln: Immer dann nämlich, wenn die unerwünschten Verhaltensweisen des Hundes nicht im direkten Zusammenhang zu seinem Menschen stehen. Ein Beispiel: Ihr Hund frisst etwas von der Straße. Natürlich möchten Sie das als Hundehalter verhindern. Sie unterbinden dieses Fressverhalten, indem Sie Ihrem Hund durch Rufen und drohende Körperhaltung etwas Unangenehmes signalisieren. Der Hund hingegen verknüpft Ihre Reaktion nicht unbedingt mit seiner Handlung. Als Futterneider denkt er sich, dass Sie sein Fressen in Anspruch nehmen wollen. Mit Glück überlässt er Ihnen das Futter. Er lernt jedoch dabei, dass dieses Futter etwas ganz besonders Tolles ist, sonst würde ja sein Rudelführer nicht so einen Alarm machen.

Von nun an wird er noch viel intensiver auf die Suche nach »Straßennahrung« gehen und wenn er was findet, wird er es noch schneller verschlingen, damit er Ihnen nichts von seiner Beute abgeben muss. Das machen Hunde nämlich überhaupt nicht gerne.

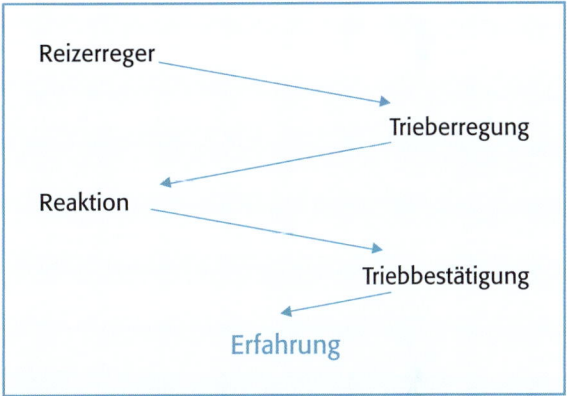

FAMILY-TIPP

In der Hundeerziehung geht es um Sekunden. Wenn Sie nicht schnell auf ein unerwünschtes bzw. erwünschtes Verhalten entsprechend reagieren, ist alles für die Katz. Frei nach dem Motto: Wer zu spät reagiert, den bestraft der Vierbeiner.

Das Zusammenleben mit dem Hund

Belohnung

Hinzufügen	Entfernen
etwas Angenehmes	etwas Unangenehmes
Futter/Lob/Ball	Blick/Körper

Bestrafung

Hinzufügen	Entfernen
etwas Unangenehmes	etwas Angenehmes
Blick/Körper	Futter/Lob/Ball

Wenn Sie mit etwas, was Ihr Hund anstellt, nicht einverstanden, aber gleichzeitig gar nicht davon betroffen sind, dürfen Sie nicht direkt einwirken. Sie müssen Alternativen parat haben, denn der Hund darf ja nicht merken, dass Sie »sauer« sind. Für eine erfolgreiche Einflussnahme eignen sich sogenannte Trainingshilfsmittel (siehe Seite 80), die z.B. akustische Signale setzen und den Hund in seinem Handeln unterbrechen. Haben Sie den »Break« geschafft, können Sie nun selber aktiv werden und das positive Verhalten Ihres Hundes entsprechend belohnen.

Übrigens: Ihr Hund wird nicht böse auf Sie sein, wenn Sie ihn »bestrafen«. Hunde sind vorteilsorientiert. Haben Sie ihn korrigiert und gleich danach positiv bestätigt, kommt bei Ihrem Familienmitglied auch sofort wieder Freude auf. Nur: Schnell müssen Sie schon bleiben!

Zugleich ist auch der Informationswert Ihrer gesetzten Begrenzung wichtig. Ihr Hund muss erkennen können, wofür er überhaupt eine bestimmte Konsequenz erfährt. Eine verspätete Reaktion auf ein falsches Verhalten des Hundes führt vielleicht dazu, dass er sich eingeschüchtert zeigt. Aber einen Zusammenhang zu der von Ihnen gemeinten Tat findet Ihr Hund nicht mehr. Die Folge: Vertrauensverlust und Ängste!

Deshalb ist das Timing von entscheidender Bedeutung für Ihren Ausbildungserfolg. Bei der Anwendung von Begrenzungen sollten Sie mit viel Vorsicht und Sachverstand vorgehen. Da die Hunde grundsätzlich über Verknüpfung von Handlung und der Konsequenz daraus lernen, kann eine fehlerhafte Begrenzung fatale Folgen haben, die zum Vertrauensverlust des Hundes gegenüber seinem Menschen führt. Im schlimmsten Fall werden Ängste hervorgerufen, die schwer zu beseitigen sind.

Es ist also wichtig, dass Ihr Hund die gesetzte Grenze nicht mit Ihnen in Verbindung bringt, sondern primär mit seinem Verhalten. Sie muss unmittelbar oder zumindest zeitnah erfolgt. Manchmal bieten sich dazu ganz bestimmte Hilfsmittel an (siehe Seite 91), die Sie nutzen können, um zu erziehen und Beziehungsstörungen wirksam vorzubeugen.

Einen Ball können Sie als Trainingsmittel gut einsetzen – wenn Sie das Spielzeug wie einen Schatz hüten.

Jeder an seinem Platz

Ein Sprichwort sagt: Wie man sich bettet, so schläft man. Was für Menschen gut ist, kann für Hunde nicht schlecht sein. So mag der eine Hund ein »Dach über dem Kopf« – liegt also am liebsten in einem Kennel –, der andere bevorzugt eine Schaumstoffunterlage, der Nächste das Korbgeflecht und ein anderer liebt die langweilige Plastikschale. Aber wo ist der richtige Platz für den Vierbeiner und sein Körbchen?

In dem Moment, in dem der Hofhund von der Kette gelassen wurde und im Schoß der Familie landete, änderte sich auch das Verhältnis zwischen Mensch und Tier. Beide Spezies rückten nun enger zusammen. Emotional wie räumlich. Für den Hund ein freudiges Ereignis. Für den Hundehalter aber begannen ganz neue Probleme.

Die Familienhunde haben einen sozialen Auftrag und im eigentlichen Sinne keine Arbeit mehr. Alarmanlagen und andere moderne Sicherheitstechnik haben den Vierbeiner als »Hüter des Hauses« überflüssig gemacht. Dafür soll er lieb und nett gegenüber allen und jedem sein. Er soll sein »Maul halten«, damit die Nachbarn sich nicht beschweren können. Er darf auch nicht mehr Vogel, Katze oder

Für den Hund ist das Körbchen wie die eigenen »vier Wände«. Das sollten alle Familienmitglieder respektieren. Es dient als Rückzugsgebiet und Ruheplatz für den Vierbeiner.

Das Zusammenleben mit dem Hund

Kaninchen jagen, sondern immer schön brav – auch wenn es ihn in den Pfoten juckt – bei Fuß laufen.
Die Hundehaltung stellt also heutzutage ganz andere Ansprüche an das Tier und seinen Besitzer. Im engeren Kontakt zum Menschen muss er sich auch »menschlicher« verhalten. Soll er am sozialen Miteinander teilhaben, muss der Hund sich anpassen. Und er braucht einen festen Platz, nicht nur in der Rangordnung, sondern auch im Haus.

Hund in der Wohnung

Egal, wie groß Ihr Domizil ist: Der Platz für den Hund sollte gleichzeitig sein Rückzugsort, Ruheplatz und Panic Room sein, sonst nimmt er die ganze Wohnung in Anspruch. Hat ein Hund keine Ausweichmöglichkeiten, zeigt er Reaktionen, die nicht gern gesehen sind: Er bedrängt den Besuch, drängelt sich in den Vordergrund, übernimmt das Geschehen. Im schlimmsten Fall zeigt er aus Unsicherheit ein Abwehrverhalten oder zeigt zum Eigenschutz territoriale Aggression. Und Sie sind den Besuch wieder los, bevor Sie ihm überhaupt einen Platz anbieten konnten.
Sie sollten Ihr vierbeiniges Familienmitglied also auf eine Art einsame Insel schicken können, auf die es sich alleine zurückziehen kann. Sie spielen den Platzanweiser, damit Ihr Hund sich nicht den für ihn strategisch günstigsten Platz aussucht. Der perfekte Ort aus seiner Sicht ist nämlich der, von dem aus er alles im Blick hat, kontrollieren und Einfluss auf das Geschehen nehmen kann. Da das aber nicht zu seinen Aufgaben gehört, sollte er genau diesen Platz nicht belegen.
Sie müssen Ihren Hund aber nicht gleich in eine Kammer sperren. »Platzieren« Sie ihn in dem Raum, wo sich auch der Rest der Familie häufig aufhält. Ein wenig am Rand, nicht in der Mitte oder vor dem Fernseher. Ideal ist ein Platz, von dem er seine Meute zwar sehen, aber sich trotzdem zur Ruhe begeben kann. Dieser Platz muss für den Familienhund immer etwas Positives haben. Hat Ihr Liebling mal wieder Mist gebaut, bestrafen Sie ihn nicht, indem Sie ihn auf seinen Platz schicken und den Armen dort auch noch beschimpfen. Viel besser ist es, wenn Sie aus seinem Platz eine Startrampe ins Vergnügen machen. Beginnen Sie ein Spiel oder ein spannendes Training von hier aus, und Ihr Hund wird mit diesem Ort immer etwas Positives verknüpfen.
Ein Platz genügt – wenn Sie nicht über eine Mehr-Etagen-Wohnung verfügen. Mehr Plätze bedeuten für den Vierbeiner mehr Verwaltungsarbeit, und er kommt nicht zur Ruhe, weil er gleichzeitig an verschiedenen Orten sein will, die es zu kontrollieren gilt.
Ein Hund sollte bei der Wahl der Ausstattung ein Wörtchen mitreden dürfen, schließlich muss er sich wohlfühlen – Sie schlafen ja auch nicht gerne auf einem Nagelbrett. Sucht Ihr Hund eher kühle Liegeplätze auf, dann müssen Sie sein Körbchen nicht mit vielen Decken auspolstern, es reicht ein Plastikkorb mit dünner Auflage. Mag Ihr Hund

FAMILY-TIPP

Damit das Verhältnis zwischen Kind und Hund harmonisch bleibt, sollte dem Hund in der Wohnung ein fester Platz zugewiesen bekommen. Diesen Platz muss das Kind dann aber auch respektieren.

Der Hund sollte nicht mit ins Kinderbett genommen werden, Kuscheln kann man auch woanders. Kind und Hund sollten ihr eigenes Rückzugsgebiet haben. Geht der Hund mal mit ins Bett, dann bitte nur für ganz kurze Zeit.

auch sonst viel Körpernähe und warme, kuschelige Plätze, »bauen« Sie ihm ein weiches Bett. Es spielt keine Rolle, ob es ein teures Hundesofa ist oder nur einfach eine Decke. Hauptsache, der Dackel oder die Dogge fühlen sich in ihrem »Nest« pudelwohl! Ihr Hund wird Ihnen zeigen, ob er sich auf seinem Platz einrichten kann. Und im Fachhandel gibt es sogar das Möbelstück für den Hund, das auch noch zu Ihrer Wohnungseinrichtung passt.

Aber egal, wie komfortabel das Körbchen ist: Ein Hund wird immer versuchen, mit ins Bett zu huschen oder es sich neben Herrchen und Frauchen auf dem Sofa bequem zu machen – in der Natur ruht das Rudel auch eng beieinander. Warum also nicht – wenn Sie damit kein grundsätzliches hygienisches Problem haben. Trotzdem sollten diese Plätze für Ihren Hund etwas Besonderes bleiben und nur Sie als Herrscher über Sofa und Sessel dürfen ihm die Benutzung erlauben – wenn er lieb war, etwas Tolles geleistet hat oder wenn Sie einfach mal nur schmusen wollen. Von alleine sollte der Hund die Plätze der 1. Klasse nicht belegen. Denn dann kann es passieren, dass er diesen Luxus jederzeit beansprucht und Sie sehen können, wo Sie bleiben. Achten Sie auf kleine Zeichen. Wenn Ihr Hund Sie auf dem Sofa anstupst, muss das nicht immer heißen, dass er kuscheln will. Er kann damit auch andeuten: »Verzieh dich, Alter, das hier gehört mir.« Beim kleinsten Anzeichen eines Platzkampfes schicken Sie Ihren Hund wieder auf den »Fußboden der Tatsachen«! Versuche des Hundes, irgendeinen Platz für sich in Anspruch nehmen zu wollen, sollten Sie unterbinden.

Sollte sich Ihr Hund diesem Befehl widersetzen und den Platzhirsch spielen wollen, ist konsequente Strenge angesagt. Ab sofort muss Ihr Hund an einer Hausleine geführt werden – damit können Sie ihn ohne direkte Berührung sanft aber bestimmend vom Sofa oder Bett auf seinen Hundeplatz führen (siehe Seite 95). Und natürlich ist das Betreten dieser Orte nun strengstens verboten. Ihr vierbeiniger Freund muss lernen, dass dieses Verhalten negative Konsequenzen hat und das Nichtbetreten Vorteile bietet.

Hund mit Garten oder Hof

Wenn Sie Ihren Garten als Außengehege für den Hund nutzen wollen, ist das schön, hat aber nichts mit Auslauf zu tun. Für den Hund ist ein Garten territoriales Gebiet, das er bewachen und beschützen will. Isoliert von seiner Meute und ohne weitere Sozialkontakte, wird sich dieses Verhalten verselbstständigen und steigern – und das hat Folgen: Der Briefträger wirft Ihre Post auf die Straße, Besuche werden selten. Lassen Sie Ihren Hund also nicht alleine im Garten herumtoben, nutzen Sie diese Fläche für gemeinsame Spiele und als Naherholungsgebiet für die gesamte Familie.

Wenn Sie die Nacht lieber ohne Hund im Haus verbringen wollen, müssen Sie dafür sorgen, dass das Tier ein Dach über dem Kopf bekommt. Eine Hundehütte ist selbstverständlich, schließlich wollen Sie ja Ihren geliebten Vierbeiner nicht im Regen stehen lassen.

Wenn Sie Ihren Hund draußen im Garten halten wollen oder müssen, ist eine trockene Hundehütte Pflicht!

Das Zusammenleben mit dem Hund

Trainingshilfsmittel: ein Kong für alle Felle

Die Sprache der Hunde ist eine sehr körperliche. Mimik und Gestik nehmen in der Kommunikation für sie eine viel differenziertere und größere Rolle ein als menschliche Worte. Wir Menschen hingegen verständigen uns in erster Linie verbal – über die Sprache. Für Hunde ist diese Art der Kommunikation im ersten Augenblick völlig unverständlich. Unsere Worte ergeben für sie keinen Sinn – sie verstehen uns nicht. Daher kann es zwischen Hund und Halter zu so vielen Missverständnissen kommen.

Hunde suchen den persönliche Vorteil und sind in einer Gemeinschaft nicht gleichberechtigt orientiert. Sie wollen eine klare Führung, ihr Leben soll Regeln und Strukturen haben, an denen sie sich orientieren können. Erst dann fühlen sie sich sicher und geborgen. Einem Hundehalter, der noch nie eine Führungsrolle ausgefüllt hat, kann diese Aufgabe sehr schwer fallen. Auch hier können Ausbildungshilfsmittel den Mangel an persönlichem Ausdruck, Konsequenz und Leitfunktion ausgleichen. Hilfsmittel können einem Hund in einer für ihn artfremden Welt somit Sicherheit geben. Gerade größere Rassen müssen außerdem führbar bleiben, auch wenn sich ihr Gewicht nicht viel von dem des Halters unterscheidet. Der Mensch ist gegenüber seinem Hund auch von der körperlichen Konstitution oft im Nachteil:

- Der Hund bewegt sich deutlich schneller,
- sein Geruchsinn ist um ein Vielfaches ausgeprägter,
- er hört eindeutig besser und
- er ist auch oft kräftiger als sein Herrchen.

Hilfsmittel ermöglichen es dem Zweibeiner, seinen Hund trotz dieser Unterschiede durch den Alltag zu führen. Grundsätzlich ist der Einsatz von Ausbildungshilfsmitteln nicht notwendig. Aber die vier bereits genannten Gründe machen sie oft unerlässlich, um auch unerfahrenen Hundehaltern ein konfliktfreies Miteinander mit ihrem Vierbeiner zu ermöglichen. Hilfsmittel können Erziehung und Ausbildung erleichtern.

FAMILY-TIPP

Gerade für Kinder ist der Einsatz von Hilfsmitteln effektiv. Dadurch können körperliche, aber auch kommunikative Nachteile ausgeglichen werden. Denn Kinder sind sich ihrem Handeln gegenüber dem Hund oft nicht bewusst und aktivieren so ein bestimmtes Verhalten. Ein gezielter Einsatz von Trainingshilfsmitteln kann damit auch eine Brücke zur besseren Verständigung zwischen Kind und Hund schaffen.

Was sind Trainingshilfsmittel?

Mit dem Begriff Trainingshilfsmittel waren früher leider oft lediglich Stromhalsband, Stachelhalsband und der

Trainingshilfsmittel: ein Kong für alle Felle

sogenannte Kettenwürger gemeint. Diese Dinge sind nicht mehr zeitgemäß und haben in der modernen Hundeerziehung nichts zu suchen. Sie verstoßen auch gegen das Tierschutzgesetz, weil sie dem Hund Schmerzen zufügen. Viele der heutigen Ausbildungshilfsmittel haben die Hundeerziehung erheblich vereinfacht. Dennoch gilt: Besitzt der Mensch nicht den nötigen Sachverstand, kann auch das beste Ausbildungshilfsmittel mehr Schaden anrichten als nützen.

Trotz vieler Vorteile sind die Gegner von Ausbildungshilfsmitteln überzeugt davon, dass diese die Kommunikation zwischen Halter und Hund verfälschen. Sie argumentieren, dass das Mensch-Hund-Team von diesen Hilfsmitteln abhängig wird und sich beide nicht mehr klar verständigen können, sobald diese fehlen. Doch auch in der Ausbildung von Menschen nutzt man Hilfsmittel zu Vereinfachung und für einen schnelleren Lernerfolg. Unsere Kinder schreiben heute nicht mehr auf Schiefertafeln, sondern nutzen sogar ganz selbstverständlich die digitalen Medien. Autofahrer vertrauen heute auf ABS, ESP und Einparkhilfe. Und auch im Sport werden die Geräte moderner, um bessere Leistungen vollbringen zu können. Deshalb gehören auch Hilfsmittel in eine moderne Hundeerziehung. Nur macht der richtige Einsatz aus, ob man in Abhängigkeit zu ihnen gerät oder sie als Brücke zu einem schnelleren Lernerfolg nutzt.

Primär wirkende Hilfsmittel

Ein Hilfsmittel, was direkt einwirkt, also gleich als Belohnung dient oder den Hund sofort motivieren kann, wird als primäres Hilfsmittel bezeichnet.

Stimme

Auch die Stimme ist in der Mensch-Hund-Kommunikation ein Hilfsmittel. Nicht nur bestimmte erlernte Worte und Befehle werden zur Verständigung genutzt, sondern auch die Frequenz. Eine hohe Stimme motiviert den Hund, tiefe Stimmlagen hingegen wirken bedrohlich. Mit diesem Wissen kann jeder Hundehalter seine Stimme gezielt im Training einsetzen.

Wenn Sie Ihren Hund begrenzen, ihm verständlich machen wollen, dass man etwas nicht möchte, können Sie das über ein tiefes »Nein« erreichen. Fixieren Sie dabei Ihren Hund von oben herab. Möchten Sie hingegen, dass Ihr Hund ein Verhalten fortführt und vielleicht zu Ihnen kommt, dann heben Sie die Stimmlage an. Machen Sie sich außerdem klein und gehen Sie in die Hocke.

Körper

Die Körpersprache ist für Hunde die Primärsprache, denn sie verfügen über ein sehr feines Ausdrucksverhalten. Um Ihren Hund zu verstehen, müssen Sie seine Sprache lernen (siehe Seite 42). Der Hund wertet die empfangenen Körpersignale seines Menschen aus und weiß dann, ob dieser es ernst meint, vielleicht Handlungsspielräume

Es gibt viele moderne Trainingshilfsmittel; eines der wirkungsvollsten ist immer noch das Futter – sinnvoll und gezielt eingesetzt.

Das Zusammenleben mit dem Hund

zulässt oder auch eine indifferente Haltung zu seinem Verhalten hat. Eine drohende Körperhaltung oder ein starrer Blickkontakt sagen also mehr als tausend Worte. Hunde sind wahre Meister, wenn es darum geht, die Körpersprache zu entschlüsseln und Stimmungen zu erkennen. Das macht es schwer, sie zu belügen. Wenn Sie also »Nein« sagen, es aber gar nicht so meinen und Ihren Hund dabei vielleicht noch streicheln, bleibt das gesprochene Wort für den Hund ohne Wertung.

Es hilft bereits, sich ganz einfache Signale nutzbar zu machen, um sich gegenüber seinem Hund zu verdeutlichen. Ein »Großmachen« bedeutet, sich zu behaupten. Ein »Kleinmachen« somit das Gegenteil. Wenn Ersteres bedrohend wirkt, ist Letzteres motivierend. Ein »Wegdrehen« bedeutet »Ich ignoriere dich«, ein Anstarren »Ich meine dich«. Dieser Ausdrucksformen, auch in Kombination verwendet, sollte man sich in jeder Situation mit seinem Hund bewusst machen. Damit man sie nicht unbewusst ausspricht.

FAMILY-TIPP

Kinder bleiben Kinder und werden vom Hund toleranter wahrgenommen. Kinder sollten Hunde nicht begrenzen, sondern motivieren. Ihre Stimme wirkt mit der hohen Tonlage bereits entsprechend. Vermitteln Sie Ihrem Kind, dass im Umgang mit dem Hund kurze, knappe Worte am besten sind. Aber zumeist brauchen Kind und Hund gar nicht viele Worte, sie harmonisieren auf ihrer eigenen, spielerischen Ebene.

Futter

Die Ernährung spielt für jedes Lebewesen eine zentrale Rolle. Der Welpe folgt seiner Mutter, um an die Milchquelle zu kommen. Das klappt in den ersten Lebenswochen auch ganz gut. Nachdem der Kleine aber seine ersten sehr spitzen Zähnchen bekommen hat, verweigert sich die Hündin immer mehr. In der Natur wird dem Nachwuchs nun Verdautes ausgewürgt und als Alternative zur Muttermilch angeboten. Später sind es Beutereste, die dem Welpen zum Spiel überlassen werden und ihn an Geruch und Geschmack gewöhnen. In der darauf folgenden Zeit muss der junge Hund lernen zu jagen. Er profitiert von der Erfahrung der erwachsenen Tiere und lernt auch durch seine eigenen Misserfolge. Das Rudel hat seine eigenen Jagdstrategien entwickelt, von denen die Jungen nun lernen. Das können sie nur, wenn sie auf die Alten und erfahrenen Tiere achten. Sie sind fokussiert – mit nur einem Ziel: zu fressen, um zu überleben. Das ist beim Familienhund anders.

Viele Hundehalter sind bestrebt, ihrem Hund ein bequemes und zufriedenes Leben zu ermöglichen. So mancher Vierbeiner bekommt ohne große Gegenleistung seinen Futternapf gefüllt – oft sogar mehrmals täglich! Manch einer muss noch kurz vor seinem Napf sitzen bleiben und warten, bis Herrchen ihn freigibt. Aber im Großen und Ganzen brauchen diese hochintelligenten Tiere kaum noch etwas zu leisten, um nicht mit leerem Magen schlafen zu gehen. Geht es darum, dem Hund kleine Tricks, wie »Platz«, »Sitz« usw. beizubringen, kommen dann die ganz besonderen Leckerlis zum Einsatz: Vom Käsewürfel bis hin zum mit Blattgold belegten Hundekeks bietet der Fachhandel alles für den modernen Hundehalter. Doch ein Hund, der sich auf Befehl hinsetzt, hört im freien Feld ohne Leine noch lange nicht auf die Stimme seines Herrn. Dazu gehören Vertrauen und eine enge Bindung zu seinem Herrchen. Lernen wir einfach von den Hundemüttern und eignen uns ihre Strategien an. Sie funktionieren in der Natur seit jeher einwandfrei!

Trainingshilfsmittel: ein Kong für alle Felle

Ein Hund braucht keine feste Mahlzeit. In freier Wildbahn steht auch nicht pünktlich um sechs Uhr das Kaninchen vor ihm. Sie können sich diese Erkenntnis zunutze machen und gezielt in die Hundeerziehung einbringen. Verwalten Sie über den ganzen Tag verteilt das Futter und füttern Sie ihren Liebling nur nach erbrachter Leistung (siehe auch Seite 136). Hier sind Ihrer Kreativität keine Grenzen gesetzt, für kleine Tricks gibt's Futter, draußen für das Kommen auf Pfiff, als Belohnung für seine Aufmerksamkeit, oder als kleines Suchspiel im Wald usw. Diese Variante der Hundeerziehung hat einen weiteren großen Vorteil. Sie stärkt die Bindung zum Halter. Der Hund lernt: Bei Herrchen zu sein, auf ihn zu hören, lohnt sich immer. Bei ihm ist immer was los, hier wird's nicht langweilig, hier gibt es Futter. So reduzieren Sie die Wahrscheinlichkeit, mit einem Hund spazieren zu gehen, der für seinen Spaß selbst sorgt, sich wie ein Rüpel aufführt, jagt oder den die Joggerwaden locken. Und das ist doch etwas, was keiner möchte.

Der Ernährungstrieb dient der Arterhaltung, das lernen schon die Welpen. In der Hundeerziehung können Sie dieses Wissen für Ihr Training erfolgreich nutzen.

FAMILY-TIPP

Kinder haben nonverbal Erwachsenen vieles voraus, denn sie reagieren noch instinktiv und somit ehrlich. Sie machen sich nicht viele Gedanken, sondern sie handeln. Das birgt im Umgang mit Hunden neben vielen Vorteilen natürlich auch Gefahren. Vermitteln Sie deshalb dem Kind, welches Verhalten einen Hund ängstigt und welches Verhalten das Miteinander positiv verstärkt.

Dieses Motivationsmittel wird auch gern von den Kindern angewendet, denn Tiere füttern macht ihnen Spaß. Der Einfluss, den das Kind darüber auf den Hund ausüben kann, begeistert. Sollte der Hund das Kind nicht akzeptieren, sollte die Fütterung durch das Kind nicht erfolgen. Auch als eine Art Bestechung eingesetzt, ist es kein Garant für eine bessere Beziehung. Das Futter wird dann vom Hund nämlich nicht als Belohnung gesehen, sondern als Nahrung, für die man sich durchsetzen muss.

Jüngere Kinder zwischen fünf und zehn Jahren können mit Futtergabe in die Ausbildung integriert werden, sie sollten darüber aber nicht ohne Aufsicht experimentell die Erziehung selber durchführen. Sie dürfen den Futternapf hinstellen, während der Hund auf das Zeichen warten muss, ans Futter zu dürfen. Dieses Signal darf das Kind ruhig erteilen.

Ältere Kinder ab zwölf Jahren können ruhig schon selbstständiger und mit mehr Verantwortung agieren. Je nach Hunderasse können hier schon Spaziergänge verantwortet werden, wobei die Handfütterung ein lohnendes Motiv für den Hund ist, sich nach dem Kind auszurichten.

Die Menge des Futters ist von der Größe des Hundes, der Rasse, seinem Alter und auch von der Qualität des Futters abhängig. Hier helfen Züchter, Tierarzt oder Hundetrainer gerne weiter (siehe Seite 136).

Sekundär wirkende Hilfsmittel

Clicker, Hundepfeifen und Co. kündigen eine Belohnung oder Bestrafung an. Der Hund ist beim Geräusch des Hilfsmittels in einer positiven Erwartungshaltung.

Ein »Klick« und der Hund ist Ihr Freund. Dieses Hilfsmittel klingt immer gleich und kann deshalb nicht fehlinterpretiert werden.

Clicker und Hundepfeife

Der Clicker ist nichts anderes als eine Art Knallfrosch. Er besteht zumeist aus einem kleinen Kästchen aus Kunststoff, in dem sich eine Metallzunge befindet. Drücken Sie diese, ertönt ein Klick. Dieses »Click« wirkt als konditionierende Bestärkung, das heißt er kündigt eine Belohnung an. Das Geräusch des Clickers klingt immer gleich, auch auf Distanz, egal ob der Klickende nun ärgerlich oder vielleicht ängstlich ist. Ihre eigenen Emotionen werden nicht mehr über den Tonfall Ihrer Stimme geleitet und können so durch den Hund auch nicht fehlinterpretiert werden. Kinder können den Einsatz schnell erlernen und im Handling gut anwenden.

Auch die Hundepfeifen sind Bestandteil vieler Methoden im Hundetraining. Auch für Kinder ist die Hundepfeife ein gutes Hilfsmittel, um Einfluss auf ihren Hund zu nehmen. Ein dosierter Einsatz liegt aber in der Verantwortung der Eltern. Man unterscheidet dabei drei Grundtypen.

- Eine Allround-Hundepfeife, welche zumeist aus solidem Stahl gefertigt, dennoch leicht ist und einen klaren starken Pfiff erzeugt.
- Bei der Pfeife mit Einstellschraube können Sie die Tonhöhe variieren. Sie ist besonders für geräuschsensible Hunderassen wie Border Collies geeignet und gerade noch für das menschliche Gehör wahrnehmbar. Sie stört deshalb auch die Nachbarschaft kaum.
- Die Two-Tone-Pfeife ist aus Plastik und kann von zwei Seiten benutzt werden. Jede Seite erzeugt einen unverwechselbaren Ton.

Die Basis für Clicker & Co. ist die Reflexlehre des russischen Verhaltensforschers Iwan Pawlow (1849–1936). Er fand heraus, dass ein Hund, der jedes Mal vor der Fütterung einen Klingelton hört, nach kurzer Zeit schon anfing, nur aufgrund des Tons zu speicheln – in der Erwartung »Jetzt kommt gleich mein Fresschen«. Dieser Prozess wird heute klassische Konditionierung genannt und ist fester Bestandteil der Tierausbildung. Der Hund verbindet mit dem Ton ein für ihn angenehmes Erlebnis,

Trainingshilfsmittel: ein Kong für alle Felle

was zu einer positiven Erwartungshaltung führt, sobald dieser ertönt. Diese Konditionierung können Sie mit Clicker oder Pfeife durchführen. Jedes Mal, wenn ein Klick oder Pfiff erfolgt, geben Sie Ihrem Hund direkt hinterher etwas Futter. Sie merken schon bald, wie der Hund sich an dem Ton orientiert. Nun kann er auch in für ihn stressigen Situationen, wie z. B. einem unerwünschten Kontakt mit einem fremden Hund, positiv beeinflusst werden. Der Klick oder der Pfiff nehmen auf Entfernung Einfluss auf sein Verhalten.

Der Clicker und die Hundepfeife sind somit wohl die revolutionärsten Ausbildungshilfsmittel in der modernen Hundeausbildung und werden auch bei anderen Tieren als Lernhilfen eingesetzt. Ganze Trainingsmethoden in der Hundeausbildung basieren heute auf Clicker und Hundepfeife. Sie sind praktisch und passen in jede Tasche

Angeleint – aber richtig

Die richtige Leine ist ein wichtiges Hilfsmittel, nicht nur um einen Hund zu halten, zu lenken und zu leiten, sondern auch um ihm Sicherheit zu geben. Sie soll wie eine Art Nabelschnur zwischen Hund und seinem Halter wirken. Die Leine ist natürlich auch ein Hilfsmittel in der Hundeerziehung. Der Markt ist überschwemmt von Hundeleinen jeder Art. Sie sollten beim Kauf vor allem darauf achten, dass eine Leine leicht und dennoch stabil ist sowie angenehm in der Hand liegt. Ferner sollte sie sowohl als

Eine Leine allein reicht manchmal nicht aus. Spezielle Erziehungsgeschirre helfen über einen Führpunkt vorne, den Hund schnell, leicht und sanft zu korrigieren.

Das Zusammenleben mit dem Hund

einfache Leine und als Trainingshilfsmittel verwendet werden können. Sie muss sich für ein Gehorsamkeits- und für ein Bei-Fuß-Training verkürzen lassen. Auch für ein Distanztraining ist die richtige Leine ein unschätzbares Hilfsmittel.

Führ- und Trainingsleine

Eine sogenannte Führleine muss heute nicht nur den Hund halten, sondern unterschiedlichste Richtlinien berücksichtigen. Die Hundeverordnungen und Gesetze der Länder sehen beispielsweise überall dort, wo ein Leinenzwang herrscht, eine zwei Meter lange Leine vor. Dazu werden in bestimmten Bereichen, zumeist wo mit Menschenansammlungen zu rechnen ist, sogar Einmeter-Leinen verlangt. Die richtige Führleine ist mit jeweils einem Karabiner an jedem Ende versehen. Über Ringe können Sie sie so schnell verkürzen oder verlängern. Lassen Sie die Finger weg von sogenannten Flexi-Leinen, deren Länge durch einen Abrollmechanismus mehr oder weniger vom Hund bestimmt wird. Diese Roll- oder Automatikleinen verfügen über eine Aufrollmechanik, mit deren Hilfe dem Hund bei Bedarf mehr Lauffreiheit gegeben werden kann. Aber dabei lernt ein Hund allzu oft auch, eigene Entscheidungen zu treffen. Er verliert den Blick für seinen Menschen, und dieser wird zum bloßen Begleiter degradiert. Da ein Hund aber an der Leine geführt und nicht begleitet werden soll, ist aus erzieherischer Sicht eine Flexi- oder Abrollleine nicht geeignet.

Schleppleine

Eine Schleppleine ermöglicht Ihnen die Kontrolle über Ihren Hund auch über eine gewisse Distanz. Er soll dadurch lernen, dass Regeln, die an der normalen Leine gelten, auch auf größere Entfernung zu befolgen sind. Die Schleppleine ermöglicht es, dass das vierbeinige Familienmitglied zwar seinen eigenen Bedürfnissen nachgehen kann, Sie aber trotzdem jederzeit kontrollierend eingreifen können. Sie fungiert als Sicherheitsband, um beispielsweise das Kommando »Komm« schnell und wirkungsvoll durchzusetzen. Ignoriert der Hund dieses Kommando, können Sie mit sanftem Zug an der Leine diesen Befehl effektiv durchsetzen und den Hund im Anschluss belohnen. Deshalb ist sie speziell beim Abruf- bzw. Rückruftrainings ein effektives Hilfsmittel. Mit der Schleppleine können Sie dem Hund auch einfach beibringen, in Ihrer Nähe zu bleiben, indem Sie auf das eine Ende treten, wenn sich der Hund mal wieder davonmachen möchte.

Hausleine

Eine Hausleine ist eine sehr dünne und leichte Leine, die eine Länge von circa zwei Meter hat. Sie wird gerne bei der Welpen-Erziehung eingesetzt, um unerwünschtes Verhalten zu unterbrechen, ohne dabei »handgreiflich« werden zu müssen. Eine Hausleine ist besonders in den ersten Tagen hilfreich, um Anspringen, Stehlen, Nagen oder Graben und viele andere unerwünschte »Frechheiten« schnell und effektiv zu unterbinden. Sie ermöglicht ein durch die Hand berührungsfreies Beeinflussen von Hund und Welpe. Bei ihrem Einsatz sollten Sie die Korrekturen nicht verbal kommentieren. Ein verunsicherter oder unsicherer Hund kann auch gegenüber seinem zweibeinigen Partner plötzlich eine Abwehrhaltung an den Tag legen. Ein Hund, der eine Ressource (zum Beispiel Futter, Beute, Spielzeug oder Platz) beansprucht, kann diese auch gegenüber seinem Halter durchsetzen wollen. Die Hausleine gibt dem Halter – auch durch den Abstand – mehr Sicherheit, sie kann vom Hund auch nicht fehlinterpretiert werden, weil die Kommunikation zwischen Mensch und Tier nicht durch eine drohende Körperhaltung oder »Übergriffe« des Zweibeiners beeinträchtigt wird.

Erziehungsgeschirr

Neue Wege in der Hundeführung eröffnen heute Erziehungsgeschirre. Zerrende oder aggressive Hunde lassen sich mit Fingerspitzengefühl und ohne Druck damit lenken. Bei diesen Spezial-Geschirren befestigen Sie die Leine vor der Brust des Hundes. Zieht er an der Leine,

Trainingshilfsmittel: ein Kong für alle Felle

muss sich der Hund unweigerlich Ihnen zuwenden. So haben Sie seine volle Aufmerksamkeit, können ihn direkt ansprechen und korrigieren. Wenn Ihr Kind den Hund führen möchte, werden mit diesem Geschirr notwendige Impulse gesetzt, die das Kind allein nicht vermitteln könnte. Dennoch sollte Ihr Kind nie allein mit dem Hund unterwegs sein.

Aber nicht nur für Kinder, auch für Erwachsene kann diese Art des Führprinzips hilfreich sein. Gerade um körperlich starken Hunden Impulsreize geben zu können, ist eine Kontrolle über ein entsprechendes Geschirr zu empfehlen. Auch wenn der Hund sich mehr für Fremdes interessiert, können Sie so die Aufmerksamkeit auf sich lenken und bestätigen. Ohne Worte und großes Bitten und Betteln kann auch der unerfahrene Hundehalter schnell und effektiv Einfluss nehmen.

Halti

Eines der bekanntesten und bewährtesten Erziehungshilfsmittel in der Hundeausbildung ist das Halti, ein Hundehalfter. Es ermöglicht Ihnen, die Orientierung des Hundes auf sich zu lenken, und ihn unmittelbar für seine Aufmerksamkeit zu belohnen. Es ist kein Hilfsmittel, um den Hund zu züchtigen. Durch fehlerhafte Anwendung erhielt der Einsatz des Halti in der Vergangenheit oft einen negativen Beigeschmack. Richtig angewandt ist es ein Hilfsmittel, das effizient gegen das Leinezerren eingesetzt werden kann. Es wirkt schnell und sicher, bei gleichzeitig höchstem Tragekomfort für den Hund – ein kleiner Zug am Halti, und der Hund wendet seinen Kopf und damit die Aufmerksamkeit auf Sie. So können Sie Einfluss nehmen und die Konzentration des Hundes auf Sie bestätigen. Denn nur wer Einfluss wahrnimmt, kann Einflüssen folgen. Ein Halti gehört nicht in Kinderhände, denn die Einflussnahme darüber geschieht sehr sensibel und wohldosiert. Zunächst müssen Sie Ihren Hund allerdings an das Tragen gewöhnen. Gehen Sie behutsam und in kleinen Schritten dabei vor. Locken Sie den Hund zunächst mit etwas Futter in das Hundehalfter. Ist er hineingeschlüpft, erhält er seine Belohnung und darf wieder hinaus. Nach ein paar Wiederholungen dürfte ihr Hund voller Erwartungen in das Halti schlüpfen. Nun schließen Sie den Verschluss und reichen ihm eine ganze Mahlzeit. Lassen Sie ihn von nun an bei allem Angenehmen einfach das Halti tragen. So gewöhnt er sich daran und er verbindet damit nichts Negatives mehr. Nach dieser Gewöhnungsphase können Sie nun mithilfe des Haltis mit Leichtigkeit die Aufmerksamkeit des Hundes auf sich lenken. Es wird nicht geruckt, sondern »sanft« gelenkt. Wenn Ihr Hund frei herumlaufen kann und will, sollte das Halti vorher abgemacht werden, so kann er »in Augenhöhe« mit seinen Artgenossen spielen.

Ein beliebtes und bewährtes Trainingshilfsmittel ist das Halti. Ein leichter Zug und der Hund ist sofort wieder auf Ihrer Seite.

Motivatoren und Spielzeuge

Jeder kennt den Spruch: »Ich bin total unmotiviert«. Was für den Menschen gilt, gilt auch für seinen vierbeinigen Freund. Bei uns Menschen ist es oft Geld, Erfolg oder Zuneigung, die uns motivieren, bei den Hunden ist es überwiegend Futter. Aber um an dieses Futter zu gelangen, müssen Aufgaben erfüllt werden. Das sind dann die Motivatoren.

Kong: mehr als ein Futterschüsselersatz

Ein spezieller Ball, der Kong, kann Ihnen als effektives Motivationsmittel helfen, Ihr vierbeiniges Familienmitglied zu kontrollieren. Er wirkt als Multiplikator, da er unterschiedliche Triebe des Hundes gleichzeitig anspricht:

Der Kong gehört zu den vielseitigsten Trainingshilfsmitteln. Er dient als starkes Motivationsmittel, weil er nicht nur den Beute-, sondern auch den Spiel- und Ernährungstrieb aktiviert.

- Durch das Freigeben von Futter über den Kong wird der Ernährungstrieb des Hundes aktiviert.
- Durch die Bewegung beim Werfen und dem folgenden »Hinterher-Hetzen-Dürfen« spricht der Kong den Beutetrieb des Hundes an.
- Über die gemeinsame Beschäftigung von Hund und Ihnen mit dem Kong aktiviert dieser den Spieltrieb des Hundes.
- Wenn Sie den Kong verwalten und dem Hund nicht frei zugänglich machen, wird zusätzlich der Meutetrieb gestärkt. Der Hund lernt, dass es dieses tolle Ding nur dann und wann und ausschließlich von seinem Menschen gibt. So gewinnen Sie als Hundehalter also immer, wenn sich Ihr Hund zwischen Ihnen und anderen Reizen entscheiden muss. Schließlich haben Sie den Kong und damit den Spaß für den Hund in der Hand.

Der Kong ist auch ein geeignetes Hilfsmittel, um für ein Kind den verlässlichen Abruf des Hundes zu gestalten. Für das entsprechende Handling sind Kinder ab dem siebten Lebensjahr geeignet. Als Bestätigungselement kann der Kong von ihnen gegenüber dem Hund angekündigt und schließlich geworfen werden. Wenn es aber darum geht, den Kong vom Hund wiederzubekommen, sollten die Eltern das Zepter übernehmen. Ein Tauschgeschäft mit einem zweiten, befüllten Kong erleichtert dabei die Übergabe.

Futterbälle eignen sich hervorragend zur Beschäftigung eines Hundes. Sie können dieses Hilfsmittel mit Trockenfutter füllen. Rollt der Hund den Ball über den Boden, fällt nach und nach das Futter durch die Öffnungen. Der Hund wird geistig ausgelastet, das trägt auch zum seelischen Gleichgewicht bei. Um an das Futter zu gelangen, wird vom Hund strategisches Handeln gefordert, er lernt zu kombinieren und muss sich genau überlegen, wie er an sein Ziel kommt.

Ein Futterball kann beim Alleinbleiben helfen, bietet aber auch bei schlechtem Wetter, wenn die körperliche Auslastung fehlt, genügend geistige Beschäftigung, die

Trainingshilfsmittel: ein Kong für alle Felle

einen Hund auch müde macht: Eine halbe Stunde Kopfarbeit lastet den Hund mehr aus, als ein Zwei-Stunden-Spaziergang. Ein Futterball soll die Spaziergänge zwar nicht ersetzen, kann aber einen Ausgleich schaffen. Kinder ab drei Jahren können den Futterball befüllen und Kinder ab sechs Jahren können ihn gegenüber dem Hund ankündigen und zur Freigabe bestimmte Leistungen abverlangen. Somit werden die Kinder in eine positive Erlebniswelt des Hundes gerückt und erleben auf ihre Weise, dem Hund Geschenke zu machen, die ihn freuen.

Dummy zur Jagdsimulation

Ein Dummy ist eine Attrappe, die als Wildersatz dient. Er ist zumeist schlauchförmig und sollte aus einem weichen, bissfesten Material mit einer Schlaufe bestehen. Sogenannte Futterdummys können Sie auch mit Futter befüllen, was als zusätzlicher Motivator wirkt.
Die Arbeit mit einem Dummy hat sich mittlerweile als eigenständige Sparte innerhalb des Hundetrainings entwickelt. Dummies werden eingesetzt, um Jagdsituationen zu simulieren, die natürlichen Triebe des Hundes zu nutzen und ihm Leistungen abzuverlangen. Dummies gibt es in den verschiedensten Ausführungen und Gewichtsklassen und sie können sogar schwimmen. Sie werden zum Apportieren und zur Suche verwendet. Auch für die Spürarbeit sind Dummies geeignet.
Für die Dummy-Suche gibt es zwei Möglichkeiten. Bei der Ersten verstecken Sie den Dummy. Der Hund folgt nun Schritt für Schritt Ihren Spuren, die ihn zum Dummy führen. Bei der zweiten Variante – hier können Sie den Dummy beispielsweise werfen, um keine eigene Geruchsspur zu hinterlassen – folgt der Vierbeiner dem Eigengeruch des Dummys. Dabei ist er abhängig vom Wind, denn der kann den Geruch von ihm weg oder auf ihn zu tragen. Das sollten Sie berücksichtigen.
Bei beiden Übungen sollte der Hund nicht sehen, wo der Dummy versteckt wird. Nur so kann er in Zusammenarbeit mit seinem Herrchen Erfolg haben. Das stärkt die Bindung zwischen beiden. Nicht nur die klassischen Jagd- und Apportierhunde wie Dackel und Labrador Retriever haben Spaß an diesem Spiel. Auch Mischlinge und andere Rassen kann man mit dieser Art der Nasenarbeit glücklich machen.

Da das Handling nicht nur vom Timing, sondern auch von der Körpersprache geprägt ist, sollten Kinder nicht selbstständig mit Dummy interagieren. Natürlich können sie unter Anleitung die Fährte legen und somit aktiv beteiligt werden. Aber häufig kommt es schnell zu Zerr- und Raufspielen um den Dummy, wobei es um das Durchsetzen geht. Wer erhält die Beute? Dieses Spiel sollte man nicht provozieren, da es schnell aus dem Ruder laufen kann. Ein Tauschgeschäft wirkt einer Streiterei um diese Beute vor. Benutzen Sie den Dummy als Zahlungsmittel für etwas noch Interessanteres.

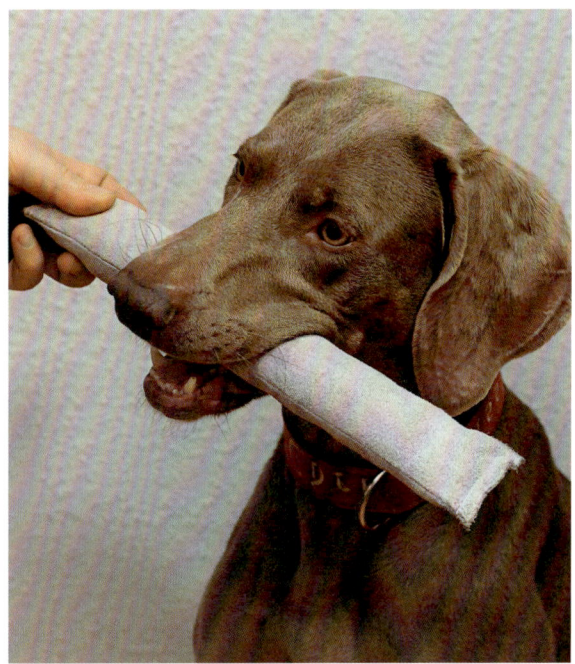

Wecken Sie zu Trainingszwecken ruhig auch mal den Beutetrieb Ihres Hundes. Der Dummy dient als Wildersatz. Erst mal in Bewegung gebracht, weckt er das Interesse des Hundes.

Spielball: aktives Beutefangverhalten

Der Dummy wird gesucht, der Ball dagegen gehetzt. Der Hund wird durch die Bewegung des Spielzeugs animiert, es zu verfolgen und zu packen. Ein Verhalten, das der Hund normalerweise bei der Jagd anwendet. Beim Hetzen der Beute durchströmt den Hund das Hormon Adrenalin, das ihn in einen wahren Rauschzustand katapultieren kann. »Beute machen« bedeutet nämlich auch, Beute zu verteidigen oder sich gegen eine Beute verteidigen zu müssen. Das Jagdverhalten des Hundes sollten Sie deshalb unbedingt beim Ballspielen kritisch betrachten. Unterschätzen Sie dieses Spiel nicht und stellen Sie die Regeln auf. Lernt der Hund erst einmal, eigenständig zu handeln, kann für ihn der Radfahrer oder Jogger genauso Beute sein wie sein Ball.

Sie sollten bei diesem Hetzspiel unbedingt darauf achten, dass immer Sie derjenige sind, der das Spiel beginnt und auch beendet. Möglichst zu einem Zeitpunkt, an dem der Hund noch nicht auf »180« ist. Sonst haben Sie schnell einen völlig ballfixierten Begleiter, der sich für keinen Artgenossen mehr interessiert oder seinen Ball verteidigt.

Im schlimmsten Fall kläfft so ein Ball-Junkie permanent sein Herrchen an, um an seine geliebte Beute zu kommen. Ein Familienhund soll schließlich nicht lernen, allein zu handeln, sondern stets gemeinsam mit seinem Menschen.

Aber auch Ball ist nicht gleich Ball! Tennisbälle werden nicht für Hunde produziert, sondern für den Sport. Ihr Material ist chemisch bearbeitet und die Oberfläche rau. Zusammen mit Speichel und Sand wirkt es wie Schleifpapier für die Zähne. Die chemische Zusammensetzung kann giftig auf den Organismus wirken. Deshalb sollten Sie Tennisbälle im Hundespiel nicht verwenden. Besser geeignet sind spezielle Hartgummibälle aus dem Fachhandel.

Da das Ballspiel dem Einsatz des Kongs ähnelt, sind auch Bälle gut geeignet für das Spiel zwischen Kind und Hund. Hier darf gekickt werden und geworfen. Es geht um den gemeinsamen Spaß! Das Kind darf werfen und bestimmt somit das Verhalten des Hundes. Der Hund darf hetzen oder fangen und wird für sein Warten belohnt. Sie sollten für das Spiel immer zwei oder sogar drei Bälle benutzen. Sagen Sie Ihrem Kind, dass es mit dem anderen Ball spielen soll, wenn der Hund den geworfenen Ball hat. Somit können Ressourcenverhalten vermieden werden, denn für den Hund wird immer der Ball interessant sein, mit dem sich das Kind beschäftigt. Er lernt indirekt, dass die Ressource vom Kind bestimmt wird.

FAMILY-TIPP

Es muss nicht immer unbedingt ein teures Hundespielzeug sein. Für Trainingszwecke kann auch »ausrangiertes« Kinderspielzeug nützlich sein. Dadurch beziehen Sie Ihr Kind in die Trainingsabläufe mit ein und es hat das Gefühl, dem Hund etwas Wichtiges und Richtiges beibringen zu können.

Begrenzer und Unterbrecher

Ein besonders lautes Geräusch oder auch eine plötzlich auftauchende Barriere hindern uns, das auszuführen, was wir gerade vorhaben. Hunde reagieren auf solche »Unterbrechungen« noch viel direkter als wir Zweibeinigen, weil sie von Natur aus aufmerksamer und sensibler sind. Begrenzer sind also gute Hilfsmittel, um den Hund bei einem nicht gewollten Handeln mittels einer »Einstweiligen Verfügung« oder »Unterlassungsklage« die Grenzen

Trainingshilfsmittel: ein Kong für alle Felle

aufzuzeigen und im positiven Sinne abzulenken. Auch wenn heute viel über positive Verstärkung in der Hundeerziehung gearbeitet wird, geht es manchmal nicht ohne die negativen Verstärker, um unerwünschtes Verhalten zu begrenzen.

Spray und Sprühmittel

Eine der schlimmsten Situationen für einen Hundehalter ist eine Beißerei. Oftmals geht aus solchen Begegnungen der Mensch als Verletzter hervor und die »Kampfhähne« bleiben unbeschädigt. Deshalb sollten Sie sich niemals direkt einmischen, sondern Hilfsmittel zur Trennung nutzen. Das Dog-Stop-Spray setzt beispielsweise einen 150 Dezibel starken anhaltenden Ton frei, der für empfindliche Hundeohren sehr unangenehm ist. Die Streithähne sind dann damit beschäftigt, diesem äußerst fiesen Ton zu entkommen, statt sich weiter das Fell über die Ohren zu ziehen.

Eine Verbindung zwischen positivem und negativem Reiz bieten Sprühhalsbänder, nicht zu verwechseln mit dem Anti-Bell-Halsband. Mit diesem Sprühhalsband erhalten Sie über eine Fernbedienung die Möglichkeit, aus der Distanz den Hund entweder positiv zu bestätigen oder unerwünschtes Verhalten zu stoppen. Einerseits können Sie einen Ton aktivieren, der wie beim Clicker (siehe Seite 84) zunächst positiv konditioniert wird. Zeigt der Hund nun erwünschtes Verhalten, bestätigen Sie ihn mit dem Ton. Er wird sich wieder an Ihnen orientieren und Sie belohnen ihn aktiv dafür. Zeigt der Hund unerwünschtes Verhalten, beispielsweise Aggressionen, setzen Sie durch Knopfdruck einen Wasser-Luft-Spraystoß frei und unterbrechen so das Verhalten. Bei dieser Methode ist das richtige Timing unerlässlich für den Trainingserfolg. Deshalb ist eine Einweisung von einem erfahrenen Hundetrainer sinnvoll.

Begrenzende oder unterbrechende Hilfsmittel gehören niemals in Kinderhände. Sie können aber, in erfahrenen Händen, mittels unschädlichem und schmerzfreiem Spraystoß einen Hund an unerwünschtem Verhalten hindern. Sie unterbrechen Fehlverhalten zeitnah und stehen so für den Hund in direktem Zusammenhang zu seinem Handeln, was gleichzeitig einen langfristigen Lernerfolg erzielt.

Das kosten die wichtigsten Trainingshilfsmittel

Führleine	10 – 30 €	Hundeführung/Sicherheit
Schleppleine	10 – 15 €	Abrufen des Hundes
Hausleine	5 – 8 €	Korrektur unerwünschten Verhaltens
Halti	10 – 15 €	Hundehalfter/Leinenführigkeit
Erziehungsgeschirr	13 – 20 €	Orientierung zum Halter/Leinenführigkeit
Kong	10 – 18 €	Motivationsmittel über natürliche Triebe
Futterball	14 – 18 €	positive Emotion beim »Allein bleiben«
Dummy	10 – 18 €	Antijagdtraining/Motivator
Clicker	3 – 5 €	positiver Verstärker/Motivationsmittel
Dog-Stop-Spray	9 – 12 €	Negativer Verstärker/Aggressionen
Spray Commander (Sprühhalsband)	150 – 250 €	positiver und negativer Verstärker zur Verhaltensänderung

Das Zusammenleben mit dem Hund

Andere Heimtiere – wie funktoniert das?

»Die sind wie Hund und Katze!« – Dieser Spruch mag in der Natur durchaus noch gelten, aber unter der Obhut der Menschen kommen diese doch ziemlich ungleichen Wesen oft erstaunlich gut miteinander zurecht, wenn sie aneinander gewöhnt sind.

Hunde sind wie viele andere Säugetiere sehr sozial eingestellt und als Rudeltiere immer auf der Suche nach »Familienanschluss«. Für einen Welpen in der Prägungsphase (bis zur 16. Woche) ist es kein Problem, sich in einer neuen Familie einzugewöhnen, in der beispielsweise auch Katzen leben. Er wächst ganz selbstverständlich mit ihrem Verhalten auf und lernt im Laufe der Zeit, es zu deuten.

Erst ab der 16. Lebenswoche reagieren die Junghunde immer sensibler auf Neues. Ab dieser Zeit wird der Hund auch in der Natur immer häufiger sich selbst überlassen und muss nun lernen, zwischen Freund, Feind und Beute selbstständig zu unterscheiden.

So verstehen sich Hund und Katz'

Es gibt viele rührende Beispiele, in denen erwachsene Hündinnen kleine Katzen adoptieren und sie aufziehen wie ihren eigenen Nachwuchs. Diese Freundschaften halten ein ganzes Leben lang. Im Großen und Ganzen gilt: Haben die Tiere keine schlechten Erfahrungen mit der anderen Art gemacht, können sie sich aneinander gewöhnen. Nicht immer wird eine dicke Freundschaft daraus, aber man toleriert sich. Wichtig ist, dass Sie beiden Zeit und genug Rückzugsmöglichkeiten geben. Das kann für die Katze der Kratzbaum sein, auf den sie sich flüchten kann, und für den Hund sein Körbchen, in dem die Katze wiederum erst mal nichts zu suchen hat. Eine gute Möglichkeit, Hunde und Katzen aneinander zu gewöhnen, ist die Fütterung. Dazu sollten Sie beide Näpfe in ein Zimmer stellen. Dann füllen Sie zeitgleich Futter ein und setzen sich zwischen die Schüsseln. So lernen die Vierbeiner, dass sie keine Nahrungskonkurrenten sind, sich nicht bedrohen müssen. Manchmal hilft es auch, den Futternapf der Katze etwas höher zu stellen, damit sie dort nicht gestört wird.

Die größte Hürde bei Hunden und Katzen ist ihre gegensätzliche Kommunikation. Schnurren bedeutet bei Katzen Wohlfühlen, Knurren bei Hunden ist eine Drohgebärde. Umgekehrt ist Schwanzwedeln beim Hund ein Ausdruck von Freude, das Schlagen des Katzenschwanzes ein Zeichen von Aggressivität. Bringen Sie Hund und Katze Stück für Stück einander näher. Setzen Sie sich auf den

Je jünger der Hund ist, desto leichter fällt es ihm, mit einem andersartigen Geschöpf klarzukommen.

Boden, streicheln Sie beide oder spielen Sie abwechselnd mit den Tieren, vermitteln Sie eine positive Stimmung, wenn sich beide begegnen. Lassen Sie die beiden in der ersten Zeit nie allein. Achten Sie auch auf die Persönlichkeit der beiden. Ein älterer Hund wird von einer jungen verspielten Katze vielleicht nicht sehr begeistert sein. Eine ältere Katze kann von einem quirligen, ungestümen Welpen schnell die Nase voll haben.

Jedem Tier sein »Revier«

Andere Tierarten, wie Fische, Echsen, Schlangen und Spinnen, können problemlos mit dem Hund gehalten werden. Sie sind durch die Glaswände ihres Terrariums geschützt und für den Hund schnell uninteressant. Nager, wie Mäuse, Hamster, Meerschweinchen, Degus und Kaninchen, dagegen sind für Hunde ein tolles Beute-Spielzeug, aber diese Freude ist nur einseitig. Auch Vögel fühlen sich von Hunden eher bedroht, auch wenn sie in ihren Käfigen geschützt sind. Freiflug in der Wohnung macht aber nur Spaß, wenn keine schnappende Schnauze im Nacken droht.

Ausnahmen bestätigen wie in der Natur auch hier die Regel. Entscheidend sind das Wesen und das Temperament Ihres Hundes. Das sollten Sie kritisch unter die Lupe nehmen, bevor Sie ein weiteres »artfremdes« Familienmitglied in Ihr Rudel aufnehmen. Hat sich erst mal eine Aversion entwickelt, kann der Haussegen für lange Zeit schief hängen. Wenn Sie feststellen, dass es keine Anzeichen von Versöhnung gibt, bleibt Ihnen nichts anderes übrig, als sich vom Neuankömmling wieder zu trennen, um nicht alle unter Dauerstress zu setzen.

Der Zweithund: einer geht noch!

Hunde sind wie Erdbeereis. Ist man erst einmal auf den Geschmack gekommen, will man mehr. Ein Hund ist süß, zwei Hunde versprechen doppelte Freude, besonders in einer mehrköpfigen Familie. Außerdem hat der Hund immer einen Spielkameraden, wenn die Familie mal ohne ihn ausgehen will, und im Tierheim warten ja noch so viele verlassene Vierbeiner auf ein neues Zuhause. Also hereinspaziert, lieber Zweithund! Dazu kommt: Die Hundehaltung von heute wird immer stärker vereinfacht: Die Nahrung ist leicht zu beschaffen, die Angebote für Betreuung und Beschäftigung werden immer größer, der nächste Tierarzt hat seine Praxis gleich um die Ecke. Ein Zweithund passt also leicht und locker in jede Familie. Für Hunde bringt die Geselligkeit sicherlich Vorteile. Zu zweit fühlt man sich stärker, der tierische Partner hilft bei der Orientierung und ist leichter zu verstehen als der plappernde Zweibeiner. Doch zu Hause nur brav im Körbchen zu liegen wird schnell langweilig.

Spielregeln zur Harmonie

Da Hunde sehr gern auch schlechte Manieren voneinander abgucken, ist ein Zweithund nur dann sinnvoll, wenn der erste Hund schon »gut erzogen« ist. Idealerweise hilft

FAMILY-TIPP

Für Kinder ist alles Neue besonders spannend. Sie kümmern sich deshalb gerne auch zu viel um den frischen Familienzuwachs. Hier müssen Sie regulierend eingreifen. Bringen Sie Ihrem Kind bei, dass jedes Lebewesen seine eigenen Bedürfnisse hat und auch gerade Welpen viel Ruhe brauchen.

Das Zusammenleben mit dem Hund

er dann bei der Erziehung des Neulings mit, weil er die Regeln schon kennt und in Hundesprache schnell »erklärt«, was geht und was nicht. Ist das nicht der Fall, können beide Hunde schnell vom Dream Team zum Albtraum werden. Dann steht der fassungslose Hundehalter zwei Kumpeln mit doppelt schlechtem Benehmen gegenüber, die im Traum nicht daran denken, Herrchen zu gehorchen und alles für sich alleine klären.

Deshalb sollten Sie vor der Anschaffung des Neuen einige Dinge beachten. Bei der Wahl des Zweithundes spielen Rasse, Alter und Geschlecht keine große Rolle. Die Hunde müssen sich gut riechen können, also vom Typ, Temperament und Charakter zusammenpassen. Von daher hat der »Erstling« bei der Suche nach einem neuen Mitbewohner ein Wörtchen mitzureden. Ist der Ersthund ein Sensibelchen, kann ein souveräner Zweithund helfen, den Charakter seines Hundekumpels zu festigen. Es gibt viele Beispiele, bei denen ein Zwergdackel gegenüber einer Dogge das Sagen hat. Führung ist eben Charaktersache! Als Familie müssen Sie wissen, dass für zwei Hunde die Pflege doppelt so viel Zeit in Anspruch nimmt. Auch die Kosten für Futter, Zubehör, Tierarzt und Steuern schießen nach oben. In Berlin zum Beispiel kostet der Ersthund 120 €, der Zweithund bereits 180 € (siehe Seite 38).

Regeln für das erste Treffen

Die erste »Beschnupperung« sollte auf neutralem Boden stattfinden, das schont die Wohnungseinrichtung und die Vierbeiner. Hunde sind territorial bezogene Tiere. Verläuft der erste Kontakt freundlich und fangen sie an zu spielen oder sich gegenseitig zu jagen, steht einer Freundschaft eigentlich nichts mehr im Wege. Zeigt der eine oder der andere ein Distanzverhalten oder gar eine Abwehrreaktion, sollten Sie ein weiteres Treffen ansetzen und nach dem dritten oder vierten Versuch abbrechen, wenn sich das Verhalten nicht ändert. Nichts ist für den Hund anstrengender und stressiger, als sich jeden Tag wieder aufs Neue auseinanderzusetzen und den anderen Hund ständig beobachten zu müssen, weil er ihm nicht vertraut.

Die Sache mit der Rangordnung

Beobachten Sie die Hunde genau. Wer animiert wen? Wer orientiert sich an wem? Wer übernimmt die Führung? Rangeleien um die Rangordnung werden in dieser Phase im Spiel festgelegt. Dabei spielt es keine Rolle, welcher Vierbeiner zuerst Hund im Haus war.

Sie müssen beiden Hunden genügend Zeit geben, sich aneinander zu gewöhnen. In den ersten zwei Wochen wird der neue Hund seinen Platz finden und der erste Hund lernen, Ressourcen zu teilen oder abzugeben.

FAMILY-TIPP

Vor der Anschaffung eines Zweithundes müssen Sie die Bedürfnisse Ihres Kindes berücksichtigen. Es sollte mitentscheiden! Mehrere Hunde im Haushalt überfordern oft den kleinen Zweibeiner, er fühlt sich in die Ecke gedrängt, vielleicht sogar verdrängt, weil sich der Rest der Familie jetzt noch mehr auf die Erziehung der Hunde konzentriert. Zweithunde sind eher geeignet, wenn die Kinder größer sind.

Beziehen Sie Ihr Kind in die Futterverteilung ein. Lassen Sie Ihr Kind die Futterschüsseln aufstellen, den Abstand ausmessen und die Futtermengen wiegen bzw. zählen. Kinder lieben »Krämerladenspiele«.

Andere Heimtiere – wie funktioniert das?

Mischen Sie sich nicht in die inneren Angelegenheiten ein, sofern diese nicht eskalieren. Stellen Sie sich niemals auf die Seite des Unterlegenen. Denn dann beginnt das Rangordnungs-Spiel immer wieder von vorne. Jeder Platz im Rudel muss zunächst klar definiert sein. Auch die des Menschen.

Futter: eine wichtige Ressource

Füttern Sie die Hunde gemeinsam. Am Anfang mit einem Abstand von zwei Metern. Stellen Sie sich zunächst dazwischen, trennen Sie somit körperlich die Futterquellen. Klappt das gut, kann bei jeder Mahlzeit der Abstand verringert werden. Futter nimmt für Hunde einen hohen Stellenwert im Kampf ums Überleben ein und wird deshalb besonders vehement verteidigt. Sollten die Hunde untereinander Futter beanspruchen, sollten Sie das akzeptieren und nicht schlichtend eingreifen. Die Rangordnung der Hunde ergibt sich nicht danach, wer am längsten in dem Haushalt lebt, sondern durch viele kleine Körpersignale im täglichen Miteinander. Hunde kennen keine Demokratie, sondern handeln nach dem Gesetz des Stärkeren. Mischt sich der Hundehalter aus Zuneigung oder falsch verstandener Gerechtigkeit in diese Kommunikation ein, werden beide Hunde immer wieder in Auseinandersetzungen versuchen, dieses Ungleichgewicht zu beseitigen.

Jeder an seinem Platz

Beide Hunde sollten zunächst ihren eigenen Platz als Rückzugsmöglichkeit bekommen. Ob sie irgendwann einen Platz teilen oder miteinander tauschen, darf ihnen überlassen werden. Besonders begehrte Plätze wie Sofa oder Bett sollten in der ersten Zeit für beide Hunde tabu sein. Im Besetzen dieser Plätze geht es für die beiden nicht in erster Linie um Bequemlichkeit, sondern um die Position in der sozialen Struktur. Besser ist es, Sie bieten den Hunden am Anfang gleichwertige Plätze – egal ob Körbchen, Decke oder Box – an, die Rückzugsmöglichkeit und Ruhe bedeuten. Sie sollten sich in dem Raum befinden, in dem der Rest der Familie sich meist aufhält und nicht in unmittelbarer Nähe von Ein- oder Ausgangstüren.

Beobachten Sie nun die Tiere in ihrem Verhalten untereinander. Leichte Drohgebärden lassen Sie ruhig zu, denn hier wird in Hundesprache die Rangordnung festgelegt. Grobe Stänkereien sollten Sie aktiv unterbinden. Trennen Sie die beiden, indem Sie ruhig dazwischentreten, auch ein Anrempeln ist dabei erlaubt. Schließlich sind die zweibeinigen Mitglieder der Familie auch Hausherren und müssen für Ruhe und Disziplin sorgen.

In den ersten beiden Wochen lernen sich die Hunde kennen und bauen eine Beziehung auf. Beide Hunde haben nun gelernt gegebenenfalls die Schwächen des anderen auszunutzen oder sich gegenüber seinen Stärken zu fügen, aber vor allem bestimmte Regeln untereinander einzuhalten. Ist die Rangordnung geklärt, können Sie als der Chef im Ring auch wieder heiß begehrte Plätze oder Spielzeuge vergeben.

Wenn jeder Hund seinen eigenen Platz hat, passen auch mehrere Hunde in die Wohnung. Sie als Hundehalter sollten allerdings der Platzanweiser sein.

Der Hund im – keinesfalls grauen – Alltag

Jeder Hund kann sich an der Seite der Menschen an vieles gewöhnen, auch wenn sein Instinkt ihm oft sagt: »Bloß weg hier!«. Von Natur aus ist ihm die laute menschliche Welt oft unerklärlich, aber er ist in der Lage, sich den Gegebenheiten anzupassen und sich auch zwischen Straßen, Autos und vielen Menschen zurechtzufinden. Zur Hochform läuft der Hund aber natürlich auf, wenn er sich auf Spaziergängen im Grünen befindet.

Der Hund im – keinesfalls grauen – Alltag

»Online« – unterwegs in der Stadt

Damit sich der Hund im Großstadtdschungel zurechtfindet, braucht er seine Familie, die ihm die notwendige Sicherheit gibt und ihm zeigt, wie er sich in bestimmten Situationen verhalten soll. Ihre Mitglieder müssen auch in gefährlichen Situationen souverän und ruhig bleiben. Voraussetzung für einen stressfreien Spaziergang durch die City ist außerdem eine feste Bindung zum Menschen. Das heißt, das Tier muss gelernt haben, sich an Ihnen zu orientieren, und das Gefühl haben, dass die Familie immer weiß, was zu tun ist.

Leine macht Sinn!

Zwar gibt es in vielen deutschen Städten keinen generellen Leinenzwang, trotzdem sollte Ihr Hund aus Sicherheitsgründen in der Großstadt nicht frei herumlaufen. Die spontane Reaktion auf einen Reiz wie eine Katze oder einen anderen Hund kann ihn und andere gefährden. Eine locker geführte Leine gibt dem Hund außerdem Sicherheit und beruhigt – sie ist seine Nabelschnur zum Rudelführer. Die niedersächsische Landeshauptstadt Hannover liegt bekanntlich von Natur aus an der Leine. Einen Hund dagegen an die Leine zu legen, widerspricht seiner Natur, ist aber unabdingbar. Eine Leine schützt ihn vor Gefahren und andere, ängstliche Menschen vor dem Hund. Eine Leine bedeutet für den »Außenstehenden«: Der Hund ist unter Kontrolle.

Eine Leine ist ein Trainingshilfsmittel (siehe Seite 80) und noch viel mehr. Sie ist die sichtbare und spürbare Bindung zwischen Halter und Hund. Doch der Umgang mit ihr will gelernt sein. Der Hund sollte sich freuen, wenn er die Leine sieht und mit dem Schwanz wedeln, weil sie für ihn Spaziergang und damit Spaß, Spiel und Abenteuer signalisiert. Was sie nicht sein darf, ist eine Anbind-Hilfe oder Erziehungsmaßnahme, die begrenzen oder strafen soll. Der Hund verknüpft dann mit ihr negative Erlebnisse und wird sich zurückziehen und ausweichen, sobald der Halter zur Leine greift. Das ist keine gute Basis für ein vertrauensvolles Verhältnis in der Familie. Denn die Leine soll das Band sein, das das Team Mensch-Hund zusammenhält.

Die Leine positiv kennenlernen

Die Leine ist für einen jungen oder Leine unerfahrenen Hund zunächst etwas, gegen das er sich instinktiv wehrt. Aus seiner Sicht verhindert sie, dass er sich aus unange-

FAMILY-TIPP

Lassen Sie Ihr Kind niemals allein mit dem Hund auf die Straße. Kinder haben genug damit zu tun, sich auf den Verkehr und die Regeln zu konzentrieren. Die gleichzeitige Führung eines Hundes würde das Kind überfordern.

»Online« – unterwegs in der Stadt

nehmen Situationen durch Flucht entziehen kann. Er versucht also, aus dem Halsband zu schlüpfen oder die Leine durchzubeißen, um sie loszuwerden. Nur wenn Sie ruhig und gelassen bleiben und sich nicht zu Zerr- und Ziehspielen verleiten lassen, wird Ihr Vierbeiner das Interesse verlieren und sich fügen. Sobald Ihr Welpe in die Leine beißt, sollten Sie also stehen bleiben und Ruhe ausstrahlen. Vielleicht stellen Sie einfach einen Fuß auf die Leine. Ignorieren Sie sein Verhalten einfach. Schauen Sie sich lieber die Umgebung an. Sobald der Hund aufhört zu ziehen und zu zerren, gehen Sie weiter.

Hat der Hund gelernt, an der Leine zu laufen, und Sie als Führer akzeptiert, kann die Leine auch ein Motivationsmittel sein. Sie können Ihrem Hund die Leine als Spielzeug anbieten und ein kleines »Tauziehen« veranstalten, woraus der Hund auch ruhig mal als Gewinner hervorgehen kann. Das ist für ihn eine enorme Bestätigung für eine gute Leistung. Sie müssen allerdings stets der Spielleiter bleiben: Sie drücken auf »Start« und Sie drücken auf »Pause«. Merken Sie, dass Ihr Hund Sie und bereits getroffene Übereinkünfte infrage stellt, sollte die Leine lediglich ein Sicherheitsband und nicht mehr ein Spielzeug sein. Ansonsten versucht der Hund nämlich, auch mit Hilfe der Leine zu zeigen, wer das Sagen hat. Wichtig: Die Leine sollte immer locker durchhängen. Machen Sie sich deshalb interessanter als das Objekt der Begierde auf der anderen Straßenseite oder die News am nächsten Baum. Bauen Sie in Ihren Spaziergang kleine Spiele ein. Lassen Sie den Hund auf Mauern laufen oder einen Gegenstand suchen. So werden Sie für Ihren vierbeinigen Begleiter die Hauptattraktion des Spaziergangs und haben seine ungeteilte Aufmerksamkeit.

Ein spezielles Brustführgeschirr (siehe Seite 86) richtet das Interesse wie von selbst immer auf Sie und nimmt dem Hund die Möglichkeit, von Ihnen wegzustreben. Dadurch minimiert sich das Ziehen wie von selbst, jetzt müssen Sie dieses positive Verhalten nur noch mit viel Lob oder Leckerlis bestätigen und verfestigen. Schimpfen Sie nicht mit Ihrem Hund. Dem Interessanten zu folgen, liegt in seiner Natur, sein Instinkt führt ihn zu möglichen Futterstellen oder Artgenossen. Die Leine wirkt dann schnell begrenzend, und wenn der Hund lernt, mit genügend Kraftaufwendung dieser Begrenzung entgegenwirken zu können, beginnt für Sie der »Kampf am laufenden Band«. Mit jedem Millimeter, den der Vierbeiner an der strammen Leine vorwärts kommt, wird er sich in seinem Handeln positiv bestätigt fühlen. Also: Lassen Sie sich nicht unter Zugzwang bringen. Das gilt auch, wenn Ihr Hund ins Geschirr springt, weil er sich über einen Artgenossen oder etwas anderes aufregt. Bleiben Sie ruhig und brüllen Sie nicht herum. Nehmen Sie Ihren Hund kommentarlos aus der Situation. Führen Sie ihn einfach weiter, bis er sich wieder beruhigt hat. Je sicherer und aufmerksamer Sie am einen Ende der Leine agieren, desto sicherer ist Ihr Hund auch am anderen Ende. Fühlt er sich alleingelassen, agiert er aggressiv, um die vermeidliche Gefahr auf Abstand zu halten – er knurrt und bellt. Das Ergebnis: Passanten weichen aus, Jogger machen einen Umweg und Radfahrer geben noch mal Gas. Für den Hund aber heißt das: Klappt doch, guck mal, wie die abhauen, das habe ich wieder gut gemacht!

Sind Sie mit Ihrem Hund in der Stadt unterwegs, sollte Ihr Vierbeiner »vorsichtshalber« an die Leine.

Der Hund im – keinesfalls grauen – Alltag

Wie der Herr, so das Gescherr: Benutzen Sie die Leine als Ihren verlängerten Arm, der dem Hund Impulse gibt, Richtung und Tempo bestimmt. Lassen Sie Ihren Hund ruhig schnuppern, aber nur, wenn Sie es gestatten. Wollen Sie weitergehen, ist die Schnupperrunde für Ihren Vierbeiner beendet! Wenn das mit der Leine wie am Schnürchen klappt, können Sie nicht nur in Hannover mit Ihrem Hund locker an der Leine gehen.

Wie man die Straße überquert

Der Hund kann nicht zwischen roter und grüner Ampel unterscheiden, und er weiß nicht, wie schnell und gefährlich Autos sind – es sei denn, er hat schon schlechte Erfahrungen damit gemacht. Als »Verkehrszeichen« dient einzig und allein sein Halter. Er bestimmt die Regeln für seinen Vierbeiner.

- Bleiben Sie bei jedem Bordstein, egal ob mit oder ohne Ampel, stehen.
- Stoppen Sie Ihren Vierbeiner wortlos, ohne ein Kommando wie »Stopp«, »Bleib« oder »Sitz« zu verwenden. Der Hund soll lernen, sich an Ihrer Körpersprache zu orientieren. Geben Sie ihm ein Kommando, so verlässt er sich auf dieses Signal. Ist der Hund auf ein Hörkommando trainiert und vergessen Sie dieses einmal, kann der Hund weiterlaufen, weil Sie nichts gesagt haben. Ist er im Gegensatz aber auf Ihre Körpersprache konzentriert, wird er stehen bleiben, wenn Sie stehen bleiben, und laufen, wenn Sie laufen. Bleiben Sie vor jeder

Nicht jeder Hund freut sich, im Straßenverkehr auf Artgenossen zu treffen. Schieben Sie sich also bitte immer zwischen die Hunde, dann gibt es auch kein Verkehrschaos.

»Online« – unterwegs in der Stadt

Bordsteinkante abrupt stehen. Belohnen Sie Ihn anschließend mit Leckerlis oder freundlichen Worten wie »Fein gemacht«.

▌ Erst auf Ihr Freizeichen, z.B. »Lauf« oder »Weiter«, geht es gemeinsam über die Straße.

An den Straßenlärm gewöhnt sich der Hund genauso schnell wie der Mensch. Wird es dennoch stressig, weil Busse hupen, oder Lkws vorbeirauschen, können Sie Ihren Hund durch positive Reize wie Leckerlis ablenken und somit beruhigend auf ihn einwirken.

Viele Hunde fühlen sich sehr schnell in die Enge getrieben, das gilt insbesondere für Herdenschutz- und Hütehunde. Aber nicht immer ist genügend Platz in Passagen und auf Bürgersteigen. Eine kurze Pause mit dem Befehl »Sitz« verknüpft entkrampft für Hund und Halter die Situation – sollen die anderen ruhig die Vorfahrt behalten.

Begegnungen mit Artgenossen und Menschen

Nicht jede Begegnung mit einem Artgenossen ist erwünscht. Hunde sind territorial orientierte Lebewesen und »Fremden« gegenüber eher skeptisch. Wollen Vierbeiner keinen Kontakt, haben sie an der Leine nur zwei Möglichkeiten: ausweichen oder den anderen dazu bringen. Auf der Straße ist für solche Ausweichmanöver nicht immer genügend Platz, der Spielraum an der Leine ist eingeschränkt. Also fängt der Hund an zu bellen; wenn die Situation ihm besonders bedrohlich scheint, zerrt er an der Leine und im Geschirr. Drohende Hunde werden von Haltern nicht aufeinander losgelassen. Denn sonst würde dieses Verhalten zum Erfolg führen: Droht mein Hund, wird der andere schon ausweichen.

Besser ist es, vorbeugend zu wirken. Das bedeutet einerseits, dass Sie als Halter die Umgebung scannen müssen, um gegenüber Ihrem Hund einen Vorsprung zu haben. Entdecken Sie einen Hund zuerst, zeigen Sie Führung und signalisieren Ihrem Hund: »Ich habe die Situation im Griff«.

Entspannen Sie sich und Ihren Hund, indem Sie ihm in solch einer Situation etwas ganz Tolles anbieten. Lenken Sie die Aufmerksamkeit auf sich. Starten Sie ein kleines Suchspiel mit Belohnung und Ihr Hund wird diese Begegnungssituation als etwas Positives empfinden. Erhöhen Sie die Spannung, bieten Sie Abwechslung und Ihr vierbeiniger Freund wird den anderen Hund vergessen – Leckerlis und Spiele sind für jeden Hund einfach »interessanter« als eine stressige, Kräfte aufreibende Begegnung mit einem Artgenossen.

Hunde kennen keine Höflichkeitsregeln und vornehme Zurückhaltung. Wenn Sie etwas Leckeres riechen, wollen sie es aus der Nähe betrachten. Ob die Beute in einer

Ein Hund weiß nicht, wann die Ampel auf Grün schaltet. Er verlässt sich in dieser Situation völlig auf Sie.

Der Hund im – keinesfalls grauen – Alltag

fremden Einkaufstasche oder Brötchentüte steckt, spielt dabei keine Rolle. Als Halter müssen Sie allerdings immer die Kontrolle über Ihren Vierbeiner haben – und nicht jeder Passant in der Einkaufsstraße ist ein Hundefan. Das Beschnuppern von fremden Leuten oder der Kontakt mit fremden Gegenständen kann durch einen kurzen Zug an der Leine, verknüpft mit einem energischen »Nein«, unterbunden werden. Bieten Sie Ihrem Hund eine Alternative an.

Möchte jemand Ihren Hund streicheln, so dürfen Sie das zulassen. Der freundliche Kontakt mit Menschen ist wünschenswert und in einer Großstadt allgegenwärtig.

Haben Sie einen ängstlichen oder unsichereren Hund an der Leine, zwingen Sie ihn bitte nicht zu diesem Kontakt – das könnte nämlich auch »nach hinten losgehen«.

Im öffentlichen Nahverkehr unterwegs

Da es nicht immer nur auf Schusters Rappen durch die Großstadt geht, ist es wichtig, den vierbeinigen Begleiter auf außergewöhnliche Umstände vorzubereiten. Je früher,

Im Öffentlichen Nahverkehr gilt fast überall in Deutschland Maulkorb- und Leinenpflicht. Versuchen Sie so früh wie möglich, Ihren Hund daran zu gewöhnen.

umso einfacher. Wird dem Hund noch in der Prägungsphase (bis zur 16. Lebenswoche) beigebracht, dass das Fahren im Auto, in der U-Bahn, im Bus oder Zug etwas ganz »Normales« ist, wird er Zeit seines Lebens keine Probleme mit dieser für ihn unnatürlichen Art der Fortbewegung haben
Ist der Hund bereits älter und zeigt Ängste, können Sie ihn mit Geduld und Ruhe schrittweise daran gewöhnen. Ignorieren Sie sein ängstliches Verhalten, dass verringert die Angstreaktion. Belohnen Sie ihn für wirklich jeden Schritt in Richtung »Ungeheuer«!

Der Maulkorb

In vielen Städten ist für Hunde das Tragen eines Maulkorbs in öffentlichen Verkehrsmitteln bereits zur Pflicht geworden. In vielen Urlaubsländern, wie Italien, sind Hunde an öffentlichen Plätzen mit Maulkorb zu führen. Um für solche Situationen gerüstet zu sein, sollte jeder Hundehalter seinen Vierbeiner so früh wie möglich an den Maulkorb gewöhnen – denn ohne ihn geht es vielerorts nun mal nicht mehr.

Lassen Sie sich beim Kauf eines Maulkorbs von einem Fachverkäufer beraten. Dieser Schutz darf nicht zu klein oder zu groß sein. Wichtig ist, dass der Hunde mit dem Maulkorb hecheln, trinken, seinen Kopf normal bewegen kann und sein Sichtfeld nicht eingeschränkt ist. Er muss sitzen wie beim Menschen ein Schuh – passgenau, leicht und bequem anliegend. Achten Sie also auf Qualität und passen Sie den Maulkorb genau an.

Üben Sie sich in Geduld und trainieren Sie mit Ihrem Hund, so kommt es in der entsprechenden Situation auch zu keiner Panikreaktion. Für den Hund sollte der Maulkorb etwas Normales werden.

Machen Sie Ihren Hund neugierig auf den Maulkorb, lassen Sie ihn daran schnuppern. Füllen Sie ein wenig Futter in den Maulkorb, sodass der Hund seine Schnauze in den unbequemen Korb stecken muss, um an die »Beute« zu gelangen. Wiederholen Sie diese Übung und schließen Sie – so ganz nebenbei – dabei die Nackenriemen. Zuckt der Hund zurück oder sperrt sich, versuchen Sie es zu einem späteren Zeitpunkt wieder. Auf keinen Fall Druck ausüben oder hektisch werden!

Haben Sie diese Hürde überwunden, schenken Sie Ihrem vierbeinigen Familienmitglied viel Lob. Eine Runde Kuscheln oder Spielen mit Maulkorb entspannt die für den Hund nervige Situation ebenfalls. Machen Sie später einen kleinen Spaziergang und verlängern Sie die »Laufzeit« mit dem Maulkorb von Tag zu Tag. In nur wenigen Wochen hat sich der Hund daran gewöhnt und ab diesem Zeitpunkt ist die gesamte Familie »citytauglich«!

FAMILY-TIPP

Auch in der Stadt kann Ihr Kind als Trainingshelfer eingesetzt werden. Geben Sie ihm die Leckerlis, der Hund wird es jetzt beobachten. Manchmal kann nun das Kind als »Ablenkungsmanöver« arbeiten. Nebenbei lernt der Hund, sich auf das Kind zu konzentrieren.

Beziehen Sie Ihr Kind in das Leinentraining – zu Hause – mit ein. Es muss lernen, das dieses Trainingshilfsmittel zu mehr dient, als zum Heranziehen und Ausbremsen des Hundes. Beginnen Sie ruhig mit »Trockenübungen«. Nehmen Sie Ihr Kind an die Leine bzw. lassen Sie sich von Ihrem Kind an die Leine nehmen. So lernt es, ein Gefühl für deren Wirkung zu entwickeln.

Der Hund im – keinesfalls grauen – Alltag

Leine los! Unterwegs im Auslaufgebiet

Ein Hund braucht Bewegung und sollte insgesamt täglich mindestens zwei Stunden unterwegs sein, so steht es in der Tierschutzhundeverordnung. Die Spaziergänge sollten über den Tag verteilt werden – alle Mitglieder in Ihrer Familie können so diese Aufgabe untereinander aufteilen. So kommt jeder mal »raus« und der Hund freut sich.

Nur Gassigehen oder den Vierbeiner zum »Geschäft verrichten« in den Garten lassen reicht nicht. Ihr Familienhund sollte mindestens 30 Minuten am Tag körperlich ausgelastet und geistig gefordert werden – unter Berücksichtigung von Alter und Gesundheitszustand natürlich. Intelligenzspielzeuge helfen bei der geistigen Auslastung. Kinder dürfen dabei unterstützen: Sie können das Begleitprogramm auf den Spaziergängen übernehmen und selbst gestalten. Für Kinder sind Hunde wunderbare Spielkameraden: Sie haben immer Zeit und sind auch für jeden Spaß zu haben.

Fast jedes Spiel hat aber auch einen ernsten Hintergrund, denn es werden Geschicklichkeit, Reaktionsvermögen, Konzentration und Ausdauer trainiert – aber auch Grenzen ausgetestet. Spielen dient der persönlichen Entwicklung, und zwar von Kind und Hund. Deshalb sind viele Spiele mit dem Hund für Kinder geeignet. Kleinere Kinder sollten allerdings nie allein mit dem Vierbeiner spielen.

Freilauf braucht jeder Hund – jeden Tag

Es ist ein Trugschluss zu glauben, dass kleine Hunde weniger Auslauf benötigen. Oft sind es gerade die Kleinen, die sich als Energiebündel erweisen und gerne herumtollen. Und das bitte schön ohne Leine. Wir Menschen können mit dem Hund nicht mithalten, sind ihm körperlich unterlegen. Nicht mal ein Profisportler kann solche körperlichen Leistungen abrufen wie ein Hund. Er ist sozusagen der Zehnkämpfer unter den Tieren. Er sprintet, kann Marathon laufen, springt weit und hoch und ist auch beim Boxen und Ringen ein Ass. Die Auslastung ist ein wichtiges Element zum körperlichen und geistigen Wohlbefinden und schlägt sich in seinem Verhalten nieder. Laufen und rennen setzt das Glückshormon Serotonin frei. Der Hund fühlt sich gut, ausgeglichen und zufrieden. Im Auslauf baut der Hund auch angestauten Stress ab. Schnelle und heftige Aktivitäten dagegen sind für den Hundekörper belastend, erzwungene, monotone Bewe-

FAMILY-TIPP

Das beste Spiel für Hund und Kind ist das Apportieren: Kinder werden nicht müde, Gegenstände zu werfen oder zu verstecken, und der Hund hat Freude daran, den Dingen hinterherzulaufen, sie zu fangen, danach zu suchen und die gefundene »Beute« zu präsentieren.

Leine los! Unterwegs im Auslaufgebiet

gungen, wie etwa langes und stupides Radfahren an der Leine, können wiederum stressen. Lassen Sie dem Hund einfach genügend Zeit und Raum, um nur Hund zu sein. Und das kann er am besten, wenn er in »freier Wildbahn« auf seine Artgenossen trifft und sich mit ihnen austauscht. Das allerdings darf er nur in den ausgewiesenen Hundeauslaufgebieten und auf dem Land. Die Freilaufzonen sind überall gekennzeichnet. Außerhalb der Hundeauslaufgebiete herrscht in vielen Bereichen der Stadt, in Parks und Naturschutzgebieten strikter Leinenzwang.

Aber Freilauf bedeutet nicht gleich totale Freiheit für Ihren Familienhund, denn Sie tragen auch im Freilauf die Verantwortung für ihn. Sie müssen ihn unter Kontrolle haben, er darf weder Jogger und Radfahrer jagen, Kinder rempeln oder andere Hunde attackieren.

Ab wann geht's ohne Leine?

Ihr Hund sollte bereits eine Bindung zu Ihnen aufgebaut haben (siehe Seite 56) und an der Leine gelernt haben,

Ohne Sozialkontakte mit Artgenossen geht jeder Hund irgendwann »vor die Hunde«. Wenn Sie eine Bindung zu Ihrem vierbeinigen Familienmitglied aufgebaut haben, besuchen Sie bitte regelmäßig mit ihm ein Auslaufgebiet. Dort kann er dann einfach mal nur Hund sein!

Der Hund im – keinesfalls grauen – Alltag

sich an Ihnen zu orientieren, bevor Sie ihn in die Freiheit entlassen (siehe Seite 98): Ein Hund, der schon an der Leine ständig das Weite suchen will, geht ohne Sie auf Weltreise, lässt Sie wie das Männlein im Walde stehen und ist nur schwer wieder einzufangen.

Sind Sie sich nicht sicher, ob sich Ihr Hund auch ohne Leine an Ihnen orientiert, sollten Sie ihn Stück für Stück »an die frische Luft setzen«. Beginnen Sie mit einer langen Schleppleine. Sobald Sie ihn rufen und er nicht reagiert, stellen Sie sich auf die Leine oder ziehen leicht daran. Kommt Ihr Hund zurück, gibt es eine Belohnung (siehe Seite 72). Dieses Verhalten muss sitzen. Hat Ihr Hund nämlich erst einmal verinnerlicht, dass er nicht zurückkommen muss, wenn Sie ihn rufen, wird es sehr schwer, ihm das Fehlverhalten wieder abzutrainieren. Sobald Ihr Hund das richtige Verhalten verinnerlicht hat, verkürzen Sie Tag für Tag die Leine und »schneiden« sie schrittweise Meter für Meter ab. So entwöhnen Sie Ihren Hund von der Leine. Wichtig: Laufen Sie Ihrem Hund niemals hinterher. Sie dürfen ihm nicht folgen, er muss Ihnen folgen. Ist er mit sich beschäftigt und unaufmerksam, gehen Sie einfach mal in eine andere Richtung. Gehen Sie aber nur dorthin, wo Sie wirklich hin wollen. Rufen Sie nicht ständig Ihren Hund, sondern nur, wenn Sie es ernst meinen. Loben Sie ihn, wenn er sich an Ihnen orientiert. Bestätigen Sie dieses positive Verhalten mit etwas Futter oder einer Spielaufforderung.

Tag, Kollege!

Jede Hundebegegnung ist anders, weil jeder der beteiligten Hunde einen anderen Charakter besitzt, unterschiedliche Lebenserfahrungen gemacht hat und genauso wie wir seinen Launen und seiner Stimmung unterworfen ist. Stimmt die Konstellation, passen die Typen zusammen, steht einer fröhlichen Spielrunde nichts im Wege. Merken Sie aber, dass ein Hund den Kontakt zu Ihrem Hund meiden möchte, ist es Ihre Pflicht, diese Begegnung schon im Vorfeld zu verhindern. Sie sollten deshalb schon frühzeitig erkennen können, wie Ihr oder der andere Hund »drauf« ist. Dazu müssen Sie die Hundesprache verstehen (siehe Seite 42). Reagieren Sie schnell, lenken Sie Ihren Hund mit einem spannenden Spiel ab oder ziehen Sie ein Leckerli aus der Tasche und halten es in der geschlossenen Faust Ihrem Hund vor die Schnauze. Bleiben Sie auf keinen Fall stehen, verlassen Sie schnellen Schrittes die Situation.

Möchte Ihr Hund mit dem anderen keinen Kontakt aufnehmen, der fremde Artgenosse aber zeigt sich uneinsichtig und läuft in Sie und Ihren Hund hinein, sollten Sie Ihren Hund ebenfalls ablenken und sich gleichzeitig zwischen die beiden Vierbeinern stellen. So signalisieren Sie dem fremden Hund, dass er nicht dazugehört. Ein Ausfallschritt und ein tiefes, scharfes »Nein« genügen meistens. Scheuen Sie sich nicht, den Halter des anderen Hundes zu bitten weiterzugehen. Falls Sie die Situation zu spät erkannt haben, ist es meistens auch nicht dramatisch. Hunde haben eine klare Sprache. Eine kleine Geste, ein Blick, eine steife Körperhaltung oder

FAMILY-TIPP

Wenn Hunde miteinander spielen, haben Kinder nichts dabei zu suchen. Das Spiel wird körperlicher geführt und ohne Rücksicht auf den Zweibeiner, der dazwischen turnt. Gerade unter Hunden bedeutet Spielen weit mehr als nur Spaß.

Leine los! Unterwegs im Auslaufgebiet

ein Knurren genügen, und die Begegnung ist gelaufen. Über das Spiel probieren sich Hunde aus und testen den anderen. Deshalb kann aus einem Spiel auch schon mal Ernst werden. Überlassen Sie die Vierbeiner also nicht vollkommen sich selbst, bleiben Sie in der Nähe, beobachten Sie und werten Sie das Spiel aus. Wird es zu heftig, überdreht einer, müssen Sie einschreiten. Bleiben Sie jetzt nicht wie angewurzelt stehen, setzen Sie sich in Bewegung. So geben Sie Ihrem Hund die Möglichkeit, das Spiel zu verlassen. Nur wenn sein Rudel auf der Stelle verharrt, muss er weitermachen. Entfernen Sie sich so schnell wie möglich. Allein gelassen, ohne Rückendeckung des Rudelführers, löst sich das ruppige Spiel meistens sehr schnell auf. Brüllend und schreiend Einfluss nehmen zu wollen, bestärkt die Hunde in ihren Handlungen. Bleiben Sie ruhig, aber agieren Sie statt zu reagieren.

Hunde sind Energiebündel. Sie wollen spielen und toben. Das haben sie mit Kindern gemeinsam. Allerdings geht es bei den Vierbeinern nicht immer so sanft zu wie hier im Bild. Trotzdem sollten Sie nicht immer gleich eingreifen, wenn es etwas ruppig wird. Bevor aus dem Spiel Ernst wird, muss viel passieren.

Bei Zeitmangel: Dogwalker oder Rudellauf

In den meisten Städten bieten sogenannte Dogwalker einen Auslaufservice an, damit die Hunde nicht die ganze Zeit zu Hause hocken müssen, wenn Herrchen oder Frauchen zur Arbeit oder anderweitig verhindert sind. Beim Gassi-Service können sie sich im Rudel mit Artgenossen austoben, soziale Kontakte knüpfen und pflegen. Selbstverständlich unter Aufsicht eines zweibeinigen Rudelführers.

Die Nachfrage nach dieser Dienstleistung steigt ständig, entsprechend vielfältig sind die Angebote. Die Preise variieren stark. Rechnen Sie mit mindestens 15 € pro Spaziergang. Wollen Sie diese Dienstleistung regelmäßig in Anspruch nehmen, verhandeln Sie über Rabatte. Auch hier gilt: Dogwalker ist kein geschützter Beruf. Jeder darf mit so vielen Hunden spazieren gehen, wie er möchte. Hauptsache, er hat ein Auto, in das alle reinpassen. Bevor Sie den Hund abgeben, sollten Sie sich deshalb ein genaues Bild vom Dogwalker machen! Ein guter Dogwalker lädt Sie zu einem ersten gemeinsamen Auslauf mit dem Hund ein, um Verhalten, Gesundheit und Gehorsam des Tieres einzuschätzen zu können. Nur selten wird ein Hund abgelehnt, aber manche Hunde können oder wollen sich einfach nicht in eine Gruppe integrieren. Meist sind dies Vierbeiner, die zu Hause jahrelang hofiert wurden, immer ihren Willen durchgesetzt und dadurch eine Art »Prinzenstatus« erlangt haben. In den meisten Fällen gibt es jedoch höchstens Probleme mit der sozialen Verträglichkeit und dem Grundgehorsam. Diese Defizite lassen sich in der Regel mit wenigen Trainingsstunden beheben. Viele Dogwalker bieten auch ein zusätzliches Hundetraining im Rahmen ihrer Tätigkeit an.

In vielen Großstätten bieten mittlerweile auch sogenannte Hunde-Kitas Stunden- und Tagesbetreuungen an. Dieser Service sollte aber nur in Ausnahmefällen benutzt werden, denn am schönsten bleibt es für den Hund in gewohnter Umgebung bei der eigenen Familie.

Oh Schreck – Hund weg!

Diesen furchtbaren Moment wollen sich die meisten Hundehalter am liebsten gar nicht vorstellen. Doch manchmal geht es leider schneller, als man denkt: Der Rüde bekommt den Duft einer läufigen Hündin in die Nase, der kleine Pudel erschreckt sich vor einem großen Hund und rennt los, der Jack Russel jagt im Wald einem Kaninchen nach und bleibt einfach verschollen. Oft sind es genau diese Situationen, in denen einem Hund einfach der notwendige Einfluss seines Menschen fehlte. Vielleicht war nur ein Kind allein mit ihm unterwegs und eben kein verlässlicher Partner an seiner Seite. Vielleicht war dieser kindliche Spielpartner in dieser Situation überfordert und konnte den eigenen Hund auch nicht mehr an der Leine halten. Vielleicht waren Vertrauen und Bindung auch einfach nicht ausreichend.

FAMILY-TIPP

Bevor Sie sich entschließen, eine Dienstleistung für Ihren Hund in Anspruch zu nehmen, sollten Sie in aller Ruhe Preise und Service vergleichen. Geben Sie Ihren Hund nicht sofort aus der Hand, verlangen Sie, beim ersten Mal mit dabei zu sein. Überprüfen Sie immer mal wieder ohne vorherige Anmeldung, ob die tatsächlich erbrachte Dienstleistung auch dem Angebot entspricht.

Leine los! Unterwegs im Auslaufgebiet

FAMILY-TIPP

Wenn ein Hund verschwindet, ist die Aufregung groß. Versuchen Sie Ruhe zu bewahren – vor allen Dingen dem Kind gegenüber. Gerade jetzt sind Ihre Qualitäten als Rudelführer gefragt. Beziehen Sie den Nachwuchs bei der Suche mit ein. Wenn Kinder Aufgaben übernehmen, sind sie beschäftigt, das baut den emotionalen Stress ab.

Eine Vielzahl von Gründen kann letztendlich dazu führen, dass Ihr vierbeiniges Familienmitglied entläuft und auch nicht gleich immer nach Hause findet. Sie sollten auf diesen Moment vorbereitet sein, im Fall der Fälle die Nerven behalten und strukturiert die Suche einleiten. Dieses Verhalten führt in aller Regel zum Auffinden Ihres vermissten Vierbeiners.

Die wohl sicherste Methode, Ihr entlaufenes Tier zu identifizieren und schnellstmöglich zu Ihnen zurückzubringen, ist die Kennzeichnung über einen Microchip-Transponder. Dieser Chip ist nicht größer als ein Reiskorn und wird Ihrem Familienhund durch einen Tierarzt oder Tierheilpraktiker über eine Kanüle unter die Haut injiziert. Er kann nicht entfernt werden und geht somit auch nicht verloren. Damit Sie als Hundehalter ausfindig gemacht werden können, müssen Sie eine Identifikationsnummer zusammen mit Ihren Adressdaten registrieren lassen. Das Deutsche Haustierregister oder die Registrierungsstelle TASSO e.V. bieten diesen Service kostenlos an. Für Auslandsreisen mit Ihrem Hund sind der Mikrochip und das Mitführen des EU-Heimtierausweises teilweise Pflicht. Ihr vierbeiniges Familienmitglied ist durch den Mikrochip Zeit seines Lebens identifizierbar. Polizeistationen, Ordnungsämter, Tierarztpraxen und Tierheime verfügen über entsprechende Ablesegeräte, mit deren Hilfe die auf dem Mikrochip gespeicherte Identifikationsnummer erkennbar wird und Sie als Halter via Internet oder Telefon über die jeweilige Registrierungsstelle ermittelt und verständigt werden können.

Nachhaken bei den richtigen Stellen

Den Verlust Ihres Hundes sollten Sie unverzüglich im nächsten Polizeirevier und der Tiersammelstelle des nächsten Tierheims melden. Rufen Sie zu jedem Schichtwechsel morgens und abends an und vergewissern sich, dass die Verlustmeldung auch an die nächste Schicht weitergegeben wurde! Der Fund eines Tieres muss nämlich beim nächstliegenden Polizeirevier unverzüglich

Falls Ihnen Ihr Hund einmal verloren gehen sollte: Die Registrierstelle TASSO e.V. hilft Ihnen bei der Suche. Sie müssen Ihr Tier dort nur registrieren lassen.

Der Hund im – keinesfalls grauen – Alltag

zur Anzeige gebracht werden, es besteht eine Anzeigepflicht des Finders (§ 965 BGB). Da auch immer die Möglichkeit besteht, dass Ihr entlaufener Hund verletzt wurde, sollten Sie zusätzlich die Tierarztpraxen der näheren Umgebung informieren. Oft bringen Finder ein verletztes Tier in die nächste erreichbare Tierarztpraxis. Für eine erfolgreiche Suche nach dem vermissten Vierbeiner sind Suchzettel wichtig. Für diesen Fall sollten Sie ein aussagekräftiges Foto parat haben, das dann auf dem Suchzettel veröffentlicht wird! Das Haustierzentralregister TASSO e.V. sendet ihnen bei Verlustmeldung kostenlos, zur Unterstützung Ihrer Suche vor Ort:

- Poster (groß)
- Poster (klein)
- Handzettel

Folgende Informationen müssen Sie angeben, damit Ihr Hund besser gefunden werden kann:

- Wo und wann verloren?
- Geschlecht des Tieres
- Rasse bzw. Mischling aus den Rassen…
- Fellfarbe (verständlich beschreiben!)
- Identifikationsnummer Tätowierung oder Mikrochip
- Besondere Kennzeichen wie Halsband (Farbe, Anhänger…)
- Telefonnummern zum Abreißen

Zusätzlich können Sie eine Kleinanzeige in Tageszeitungen, den kostenlosen Anzeigenblättern und in der »Zweiten Hand« etc. aufgeben. Mithilfe von Netzwerken (z.B. Facebook) können Sie Ihre Suche noch erweitern.

Wo sich die Suche lohnt

Ist Ihr vierbeiniges Familienmitglied beim Spaziergang auf dem freien Feld weggelaufen, weil er z.B. Wild aufgestöbert hat, breiten Sie am besten an der Stelle, an der Ihr Hund Sie zuletzt gesehen hat, eine Decke, Ihre Jacke oder ein anderes Kleidungsstück, das Sie entbehren können, aus und legen noch einige Leckerbissen dazu. Hunde kommen oft an die Stelle zurück, wo sie Herrchen oder Frauchen zuletzt gesehen haben. Sie sollten deshalb vor Ort erst mal an dieser Stelle warten und dann alle zwei bis drei Stunden dort nachschauen, ob Ihr Hund zurückgekommen ist. Benachrichtigen Sie unbedingt Förster und/oder Jagdpächter, zeigen Sie ein Foto Ihres Hundes, herrenlose Hunde dürfen nämlich in Wald und Feld erschossen werden.

Suchen Sie den Hund auch an Stellen, an denen Sie häufig mit ihm spazieren gehen oder an Orten, die Sie regelmäßig aufsuchen, wie Bäcker, Zeitungskiosk oder Restaurant. Fragen Sie andere Hundebesitzer nach läufigen Hündinnen in der Nachbarschaft – wenn Sie einen Rüden haben.

Falls es sich bei Ihrem entlaufenen Hund um ein Rassetier handelt, informieren Sie auch Ihren Züchter oder Zuchtverein. Haben Sie den Verdacht, Ihr Hund wurde gestohlen, geben Sie eine Anzeige auf, in der Sie vor dem Ankauf des Tieres warnen und eine Belohnung anbieten.

In der Regel tauchen Hunde binnen 48 Stunden irgendwo wieder auf. Haben Sie die Hinweise und Tipps beachtet und entsprechend vorgesorgt, vereinfachen Sie die Suche enorm. Und dann wird Ihre Familie mit hoher Wahrscheinlichkeit schon bald wieder glücklich vereint sein!

Registrierungsmöglichkeiten für Ihren Hund

Deutsches Haustierregister
Baumschulallee 15, 53115 Bonn
Tel. 0228/6049635
Service-Telefon 01805/231414

TASSO e.V.
Abt. Haustierzentralregister
D-65795 Hattersheim am Main
Tel. 06190/937300
info@tasso.net

Hund allein zu Haus

Wenn die Familie sich zum Ausgehen fertig macht, Schuhe und Jacke angezogen werden und der Schlüssel klimpert, heißt es für den Hund: »Hurra, endlich geht es nach draußen!« Umso größer ist für ihn der Frust, wenn die Tür vor seiner Schnauze zugemacht wird und er sich nun allein langweilen darf – getrennt von seinem Rudel.

Was Alleinsein für den Hund bedeutet

Ein Hund kann nicht verstehen, warum ausgerechnet er zurückbleiben soll. Diese Situation frustriert ihn. Die Frustration wiederum verwandelt sich in Stress, und diesen will er schnell wieder loswerden. Er versucht instinktiv aus der Distanz, Kontakt mit seinem Rudel zu halten, indem er jault und wimmert. Sein Körper schüttet dabei Endorphine aus, die ihn in eine Art Trancezustand versetzen. Für ihn ein ausgleichendes Gefühl, doch treibt er so manchen Nachbarn damit in den Wahnsinn. Dieser Trancezustand hält nicht lange an, und so sucht er sich eine andere Beschäftigung. Sehr oft müssen dann Papierkorb, Tapete, Sofakissen, Tischbeine oder das Hindernis Tür dran glauben.

Alleinsein entspricht eben gar nicht dem Naturell des Rudeltiers Hund, aber er kann daran gewöhnt werden. Je früher man damit anfängt, umso leichter und schneller stellt sich der Erfolg ein. Doch der Spruch »Was Hänschen nicht lernt, lernt Hans nimmermehr« gilt für Hunde nicht. Sie können auch im hohen Alter noch viel dazulernen, mit etwas Geduld sogar völlig neu erzogen werden.

Die Vorbereitungen

Grundsätzlich sollte sich Ihr vierbeiniges Familienmitglied vor dem Alleinbleiben bei einem langen Spaziergang und einem ausgedehnten Spiel austoben können. Ist der Hund körperlich erschöpft und ruft das Körbchen, fällt der Abschied schon halb so schwer. Einen gefüllten Wassernapf sollten Sie selbstverständlich hinstellen, wenn Sie das Haus verlassen.

Der Abschied von der Familie sollte für ihn etwas ganz Normales sein. Also bitte keine großen Trennungs-Zeremonien veranstalten. Ziehen Sie sich ruhig mal einen Mantel an und setzen Sie sich damit wieder auf das Sofa, spielen Sie mit dem Schlüsselbund, wenn Sie in die Küche gehen. Wenn sich der Hund daran gewöhnt hat,

Hunde sind Rudeltiere. Das Alleinbleiben müssen Sie Ihnen also antrainieren. Hat sich Ihr vierbeiniges Familienmitglied vorher ausgetobt, fällt es umso leichter.

Der Hund im – keinesfalls grauen – Alltag

schicken Sie ihn auf seinen Platz und präsentieren ihm ein besonders leckeres Futter oder sein Lieblingsspielzeug – das Sie ihm aber nicht freigeben. Ziehen Sie dann Ihre Schuhe und den Mantel an und klimpern Sie mit dem Schlüssel – jetzt darf der Hund an das ersehnte Futter. Verlassen Sie jetzt den Raum und betreten ihn immer wieder, während Ihr Liebling in aller Ruhe weiterkaut. Erweitern Sie Ihren Radius und verlassen Sie kurz die Wohnung. Bleibt Ihr Hund ruhig, verlängern Sie Ihre »Auszeit« schrittweise um jeweils fünf Minuten. Fallen Sie Ihrem Hund nicht gleich in die Arme, wenn er Sie überschwänglich begrüßt. Sagen Sie kurz »Hallo«, das reicht.

So können Sie ihm helfen

Spannende Beschäftigungsmöglichkeiten können Ihrem Vierbeiner über die Trennung hinweghelfen. Gummiknochen und Quietschhühner sind keine Alternative, diese »toten« Gegenstände verlieren schnell ihren Reiz. Viel interessanter sind spezielle Spielzeuge, aus denen Futter herausspringt, wenn der Hund schlau genug ist, die »geheimen« Kammern zu öffnen. Dieses Spielzeug sollte allerdings etwas Besonderes bleiben und im Alltag verwehrt sein, denn sonst verliert es schnell seinen Reiz. Folgende Hilfsmittel kommen infrage:

- **Stuff a Ball.** Das ist ein Ball, den man rollen muss, damit er Futter ausspuckt, sowie Intelligenzspielzeuge, das sind Objekte, die man mit Pfote oder Schnauze öffnen muss, um an das Futter zu gelangen.
- **Boomer Ball.** Dieser Ball ist so gebaut, dass der Hund ihn nicht greifen kann, und das verspricht stundenlange Beschäftigung.
- **Biskuit Ball.** Diesen Ball muss der Hund festhalten, um an den Keks zu kommen.
- **Futterautomat.** Dieses Gerät kündigt mit einem Ton in bestimmten Zeitabständen an, dass Futter zugänglich gemacht wird.

FAMILY-TIPP

Sollte Ihr Hund dennoch mehr Spaß mit Sofakissen, Mülleimer und Tischdecke haben und Sie bei der Heimkehr die totale Verwüstung vorfinden, bleiben Sie nett zu Ihrem Hund, auch wenn es schwer fällt. Einen Hund nach der »Tat« zu bestrafen ist unsinnig, weil er die Strafe gar nicht mehr mit seinem Handeln verknüpfen kann. Für ihn heißt es stattdessen: Ich begrüße Herrchen und bekomme dafür richtig Ärger. Bleiben Sie deshalb ruhig, räumen Sie auf und fangen Sie geduldig von vorne an.

Ein beschäftigter Hund allein zu Hause kommt nicht so leicht auf dumme Gedanken. Futterautomaten zum Beispiel sind tolle Ablenkungsmanöver.

Daheim und auswärts: Essen mit Hund

Hunde haben keine Tischmanieren. Sie müssen auch nicht mit Messer und Gabel essen und ihr Futter steht – hoffentlich – auf dem Boden. Aber wenn die Familie einen Ausflug macht und das vierbeinige Mitglied mit in ein Restaurant genommen werden soll, muss auch der Vierbeiner ein paar Anstandsregeln beherrschen.

In den meisten Städten darf der Gast seinen Vierbeiner mit in die Gaststätte nehmen, falls der Betreiber vorher informiert wird und damit einverstanden ist. Aber bitte bedenken Sie: Einem Hund macht ein Restaurantbesuch keinen Spaß. Wenn für Kinder gegebenenfalls eine Spielecke oder ein ganzer Spielplatz zur Verfügung steht, muss ein Hund wider seine Natur die ganze Zeit still unter dem Tisch sitzen und darf sich auch nicht rühren, wenn der Bratenduft in seine empfindliche Nase zieht. Das bedeutet Stress. Hunde mit einem offensiven Charakter, die sich mit allem Neuen und Unbekannten aktiv auseinandersetzen wollen, eignen sich nicht gut als »Restaurantbegleiter«. Der Hund sollte ein ausgeglichenes Wesen besitzen und vorher genügend ausgelastet und gefüttert worden sein. Ein satter und müder Hund ist ein besserer »Untermieter bei Tisch« als ein »hungriger Wolf«. Betteln ist sowieso verboten – zu Hause und erst recht im Restaurant.

Betteln verboten – auch zu Hause

Die Mahlzeit des Menschen darf niemals die des Hundes werden, auch wenn er mit zur Familie zählt! Lassen Sie sich deshalb von den treuen Blicken Ihres Lieblings nicht den Kopf verdrehen. Der Hund verlangt instinktiv nach seinem Teil der Beute. Geben Sie einmal nach, wird es schnell zur Gewohnheit. Ein Hund unterscheidet in seinem Handeln immer zwischen Vor- und Nachteil. Ein bettelnder Hund lernt schnell, dass dieses Verhalten sinnvoll ist, schließlich führt es zu Futter. Möchte man das ändern, muss der Vorteil entwertet, in ganz hartnäckigen »Fellen« in etwas Negatives umgewandelt werden. Die »Trockenübungen« erfolgen zunächst nicht im Restaurant, sondern zu Hause am Esstisch. Ganz wichtig: Korrigieren Sie rechtzeitig und konsequent.

- Der bettelnde Hund wird vom Tisch weggeschickt und auf Abstand gehalten. Ignorieren Sie jeden Blickkontakt.
- Sollte er den Abstand wieder verringern wollen, treten Sie ihm sofort mit einem scharfen »Nein« entgegen. Zur

Hunde sind von Natur aus große Bettler. Besonders gerne versuchen sie ihr Glück bei den Kindern. Hier müssen alle an einem Strang ziehen: Nein!

Der Hund im – keinesfalls grauen – Alltag

So ist es richtig. Bei einem Restaurantbesuch sollte Ihr Hund brav auf dem Boden liegen bleiben. Ein Tipp: Ein satter Hund ist ein ruhiger Hund!

Verstärkung strecken Sie ihm gleichzeitig die geöffnete Hand am ausgestreckten Arm entgegen. Verteidigen Sie ruhig Ihre Mahlzeit. Gerade körperliche Handlungen mit einer klaren Einstellung zur Futterverteidigung werden vom Hund verstanden. Sie müssen überzeugt sein, um überzeugend »rüberzukommen«. Ihr Hund muss Sie ernst nehmen. Auch zukünftig sollten Sie jeden kleinsten Bettelversuch, und dazu gehört auch der gewünschte Blickkontakt, unterbinden. Der Hund wird merken, dass sein Verhalten zu keinem Erfolg führt und aufgeben.

▌ Als weitere Vorbereitung auf den Restaurantbesuch muss der Hund lernen, sich der Bewegung bzw. dem Ruhezustand seines Rudels anzupassen. Klammern Sie dabei den eigenen Nachwuchs ruhig aus. Er darf und soll sich auch während der Ausbildung frei bewegen und herumlaufen. Passen Sie das Training also den späteren Bedingungen an. Das kann bereits im Ausbildungsabschnitt zur Leinenführigkeit (siehe Seite 98) eingebunden werden: Steht oder sitzt der Halter, liegt der Hund an seiner Seite, das Kind hingegen darf hüpfen und Purzelbäume schlagen. Das kann man auf viele Situationen übertragen – also auch für den Besuch in einem Restaurant.

Verhalten im Restaurant

Wenn Sie mit Ihrem Vierbeiner das Restaurant betreten, lassen Sie ihn nicht als Ersten in die Gaststube. Schließlich bezahlt er nicht die Rechnung, Personal und Gäste könnten sich erschrecken. Leine ist Pflicht, egal ob in der Fast-Food-Stube um die Ecke oder in einem Feinschmecker-Palast.

Suchen Sie sich einen Platz in einer Ecke aus. Der Hund sollte niemals an zentraler Stelle liegen. Damit er zur Ruhe kommen kann, muss für ihn die Umgebung überschaubar sein und ungefährlich erscheinen. Deshalb gilt bei der Tischwahl, sich eher am Rand oder in einer Ecke des

Daheim und auswärts: Essen mit Hund

Gastraums zu platzieren. So hat der Hund einen sicheren Rückraum und muss nur eine Richtung beobachten. Lenken Sie Ihren Hund ab, wenn ein zweiter Hund das Restaurant betreten sollte. Hunde sind territorial orientierte Tiere, die ihren Platz abstecken und sichern. Damit der Hund seinen zugewiesenen Platz nicht gegenüber einem Artgenossen verteidigt, sollten Sie ihm etwas Interessanteres anbieten. Besser ein kleines Spielzeug als ein Leckerli (siehe oben). Übrigens: Sie können den Kellner ruhig fragen, ob er Ihnen die Reste vom Steak einpackt. Dann hat auch Ihr Hund zu Hause noch etwas von dem Restauranterlebnis.

Mehr Spaß macht es aber der ganzen Familie, wenn der Restaurantbesuch unter freiem Himmel stattfindet – natürlich nur, wenn das Wetter mitspielt. Egal ob im Ausflugslokal oder im Biergarten. Hier gibt es genügend Platz für Ihren Vierbeiner. Er fühlt sich auch nicht so eingeengt wie in geschlossenen Räumen, kann durch die Gegend schnuppern und vielleicht sogar auf einen Artgenossen treffen.

Verkürzen Sie die Wartezeit auf Ihr Essen und laufen Sie mit Ihrem Hund eine Runde durch den Garten. Laden Sie Ihren Tischnachbarn mit Hund zu einem gemeinsamen Spaziergang ein. Das macht noch mehr Laune. Meist liegen diese Gaststätten auch am Rande eines Waldes oder am See, wo der Hund sogar direkt vor oder nach dem Essen seinen Auslauf bekommen kann. Falls nicht vorhanden: Bitten Sie einen Kellner um einen gefüllten Wassernapf. Sie können Ihrem Hund auch etwas zum Knabbern mitnehmen. Aber fragen Sie bitte den Kellner, ob auch in diesem Falle »mitgebrachte Speisen« erlaubt sind. Natürlich müssen Sie Ihren Hund auch in so einer Lokalität anleinen.

In einigen Städten haben sich die Gastronomen bereits auf die vielen Hundebesitzer eingestellt und bieten besondere Plätze an. Manchmal wird dem Hund sogar schon eine eigene Speisekarte angeboten (das Menü müssen natürlich immer noch Sie aussuchen und bezahlen).

Übung macht den Meister. Bevor Sie sich mit Ihrem Hund in ein Restaurant wagen, sollten Sie ein paar »Trockenübungen« an der Leine absolvieren.

FAMILY-TIPP

So wie Sie Ihrem Kind »Tischmanieren« beigebracht haben, sollten Sie diese auch dem Hund beibringen. Beim Essen ist Spielen verboten. Und Betteln sowieso. Achten Sie darauf, dass auch Ihr Kind diese Regeln einhält. Hunde können sehr gut die »Schwachstelle« im Familienbund ausmachen. Ihr Kind muss genauso »hart« bleiben wie Sie.

Was Hunden Spaß macht

Hund und Mensch sind verschieden, auch wenn sie in einer Familie leben. Sie haben unterschiedliche Fähigkeiten, aber genau deshalb haben sich die ungleichen Partner im Laufe der letzten 10.000 Jahre auch zu einem guten Team entwickelt. Menschen sind meistens schlauer und können am Tage sehr gut sehen, Hunde dagegen riechen und hören besser, sind außerdem körperlich um einiges wendiger und schneller als wir. Aber genau das macht Hund und Mensch gemeinsam unschlagbar.

Was Hunden Spaß macht

Mensch, spiel mit mir!

Ein Spiel ist für jeden Hund die beste Möglichkeit, Vertrauen aufzubauen, geistig gefördert zu werden, gesetzte Grenzen kennenzulernen und zu akzeptieren sowie Aufmerksamkeit zu erhalten. Hundehaltung sollte immer aktiv gestaltet werden. Denn ein Hund baut immer zu dem Vertrauen auf, der sich mit ihm beschäftigt, der ihn lenkt und mit ihm spielt.

Die »Zweibeiner« sind es, die beim Spiel die Regeln aufstellen. Wir nutzen die Anlagen unserer Hunde zu unserem Vorteil. Damit diese Partnerschaft funktioniert und der Hund uns seine körperliche Überlegenheit zur Verfügung stellt, muss er uns vertrauen – erst dann wird ihm freudiges und erfolgreiches Lernen ermöglicht. Die moderne Hundeerziehung basiert auf zwei Lernmethoden.

- In der **klassischen Konditionierung** wird der Hund durch ein zunächst neutrales Signal – einen Ton oder ein Zeichen – gelenkt. Viele Hundehalter kennen das: Klingelt es an der Tür, springt der Hund auf und bellt. Das Klingeln kündigt ihm aus Erfahrung Eindringlinge an, und er will seine Familie warnen. Wird er für dieses Verhalten ausgeschimpft, ist das Klingeln zukünftig mit etwas Negativem verbunden, und er wird noch heftiger bellen. Geben Sie Ihrem Hund aber beim Klingeln jedes Mal ein Leckerli, dann wird das für ihn ein freudiges Ereignis. Klingeln ist einfach toll! Die Folge: Er freut sich auf das Signal. In beiden Fällen kündigt die Klingelei dem Hund etwas an und er reagiert aufgrund seiner Erfahrungen.
- In der **operanten Konditionierung** wird das ursprünglich spontane Verhalten durch positive Bestätigung oder Bestrafung verstärkt bzw. verringert (siehe Seite 72). Der Hund lernt aufgrund einer Handlungsbestätigung. Das kann zufällig beginnen: Ihr Hund setzt sich hin oder kommt zu Ihnen gelaufen. Dafür loben Sie ihn überschwänglich. Diese Reaktion wird er sich merken und die entsprechende Handlung wiederholen. Es lohnt sich ja für ihn. Macht er hingegen etwas Falsches, begeht er sozusagen einen Irrtum und wir reagieren »negativ«, indem wir uns vielleicht umdrehen und weggehen. In diesem Fall wird er das Verhalten in Zukunft lassen, denn es lohnt sich nicht für ihn.

Oft läuft die operante Konditionierung des Hundes unbewusst durch den Menschen ab: Ihr Hund stupst Sie an, und Sie beginnen »automatisch«, ihn zu streicheln. Auch das wird er sich merken und es wieder probieren. Streicheln bedeutet schließlich Zuneigung, und was will der Hund mehr! Der Hund lernt aber nicht nur das Angenehme aus dieser Situation, sondern auch, dass sein Mensch macht, was er von ihm fordert. Sie als Hundehalter müssen sich deshalb bewusst sein, welches Verhalten Sie tatsächlich fördern wollen und sich Ihrer Reaktionen auf den geliebten Vierbeiner immer bewusst bleiben. Ein Hund, der Sie beeinflussen kann, wird sich nicht nach Ihnen richten.

Gemeinsame Spielregeln für alle Teilnehmer

Die bewusste Kombination beider Lernmethoden hilft Ihnen, das Verhalten Ihres Vierbeiners in gezielte Bahnen zu lenken, und dafür sind Spiele hervorragend geeignet. Vergessen Sie nicht, vorher die Bedingungen fürs Spiel festzulegen: Sie sollten Beginn, Ablauf, Dauer und Ende von spielerischen Aktivitäten bestimmen und somit ein

Mensch, spiel mit mir!

passendes Reglement aufstellen. Über die klassische Konditionierung können Sie ein Spiel ankündigen und über die operante Konditionierung ein Spielsystem vermitteln. Setzen Sie also den richtigen Rahmen und stellen Sie Spielregeln auf, deren Einhaltung Sie konsequent einfordern. Denn schließlich soll das Spiel nicht nur dem Hund Spaß machen, sondern der ganzen Familie. Besonders Kinder sind ein guter Spielpartner für den Hund. Halten sich beide an gesetzte Spielregeln, entsteht zwischen ihnen ein vertrauensvolles Band voller Zuneigung und Harmonie. Die dafür notwendigen Rahmenbedingungen und Regeln müssen allerdings von Ihnen eingefordert werden und sollten für Kind und Hund gelten. Sie sind der Spielführer, Kind und Hund hingegen die Spieler mit eigenen Aufgaben.

Das richtige Spiel ist vermutlich der wichtigste Garant für die Integration eines Hundes in das Familiengefüge. Beim Spielen erhält er nämlich nicht nur rationale Einflüsse, sondern auch emotionale. Er wird nicht nur ausgelastet, sondern erfährt im gemeinsamen Spiel auch Nähe zu den anderen Familienmitgliedern.

Jeder Hund will gefordert sein – körperlich und geistig

Wird der Hund in Ihrer Familie weder körperlich noch geistig ausgelastet, sucht er sich Ersatzbeschäftigungen. Er verliert immer mehr das Interesse an den Familienmitgliedern und reduziert den Kontakt, einzig an seinen Mahl-

Nur ein geistig und körperlich ausgelasteter Hund ist ein glücklicher und friedlicher Hund. Es gibt viele verschiedene Möglichkeiten, Ihren Hund fit zu halten. Bring- und Suchspiele können auch Ihrem Kind viel Spaß machen. Nur: Sie müssen die Regeln bestimmen.

Was Hunden Spaß macht

zeiten bleibt er interessiert. Er wird selbstständig und trifft seine eigenen Entscheidungen. Bei jedem Spaziergang sucht er Kontakt mit Artgenossen, folgt jedem fremden, interessanten Geruch und lässt sich immer weniger abrufen, weil die Bindung verloren gegangen ist. Zu Hause sucht er sich ebenfalls »Nebentätigkeiten« und »spielt« dann oft mit Möbeln, Kleidungsstücken und anderen menschlichen Besitztümern. Ein gelangweilter Hund ist ein frustrierter Hund und schnell gereizt. Dieses Verhalten kann auch schnell mal in Aggression umschlagen. Wenn Sie einen glücklichen, ausgeglichenen Familienhund wollen, halten Sie ihn in Schwung, fordern ihn und verbringen Zeit mit ihm.

Spielen bedeutet für den Hund weit mehr als nur Spaß und Abenteuer. Spielen ist Training, Ausprobieren, Kommunikation und Beschäftigung. Bis zur vierten Woche spielen die Welpen »einfach so«, das Muttertier hält sich zurück. Erst danach wird auch die Hündin spielerisch aktiv, animiert und fordert die Welpen heraus. Dabei kontrolliert sie die Abläufe und die Regeln. Das sieht für Außenstehende manchmal ziemlich hart und rabiat aus. Aber sie signalisiert ihrem Nachwuchs nur deutlich, wer hier das Sagen hat. Wer die Möglichkeit hat, das zu beobachten, kann viel lernen.

Spiele, die Spaß machen

Es gibt viele Spielvarianten. Das beginnt bei Rennspielen, bei denen Schnelligkeit, Beweglichkeit, Sprünge, Stoppen und Beschleunigung trainiert werden. Auch Rollenspiele gehören ins vielseitige Repertoire unserer vierbeinigen Freunde. Hunde kopieren auch Alltagssituationen. Da geht es um Beutefang und Kampfsequenzen. Der Schnauzenbiss, der als Verweis eingesetzt wird, oder der Kehlenbiss, mit dem eine Beute erlegt wird, gehören dazu, aber auch Zerrspiele sind sehr angesagt, bei denen eine erworbene Ressource behauptet werden muss. Dabei folgen diese Spiele festen Regeln, damit aus Spaß nicht »aus Versehen« Ernst wird. Hunde sind sehr kreativ und flexibel, wenn sie spielen. Das ist ein wichtiger und fester Bestandteil ihres Sozialverhaltens. Nicht nur junge Hunde spielen, auch die Erwachsenen regeln die Beziehung und den Status untereinander oft spielend.

Das Spiel gehört in die Mensch-Hund-Beziehung und muss Bestandteil des alltäglichen Miteinanders in der Familie sein. Über das Spiel bauen sich Bindung und Vertrauen auf, doch es gehört weit mehr dazu als stupides Ballwerfen und Apportieren. Sie sollten – wie die Hündin ihre Welpen – Ihren Vierbeiner dabei anleiten, animieren, aktiv handeln und motivieren. Spielen Sie mit Ihrem Hund, wenn Sie merken, dass er anfängt sich zu langweilen und bevor er irgendeinen »Blödsinn« treiben kann.

Such- und Nasenspiele für daheim

Diese Art des Spiels eignet sich hervorragend, um den Hund geistig zu fördern. Sie können dazu in der Wohnung ein wenig Futter in eine Decke einwickeln und danach gemeinsam auf die Suche gehen. So lernt der Hund bereits zu Hause, mit seinem Menschen zu arbeiten und

FAMILY-TIPP

Lassen Sie sich beim Spielen nichts aus der Hand nehmen. Bestimmen Sie die Regeln. Sie sind Spielführer und Schiedsrichter zugleich. Lassen Sie bei Spielen, die dem Hund etwas abfordern, Ihr Kind zwar mitspielen, aber nicht unbeaufsichtigt mit dem Hund.

gemeinsam erfolgreich zu sein. Auch hier ist es wichtig, Abläufe einzubauen.

▌ Bringen Sie den Hund in eine Ausgangsposition (»Sitz« oder »Platz«), am besten in seinem Körbchen.

▌ Verstecken Sie das Suchobjekt und geben Sie ihm das Freizeichen zur Suche. Zeigen Sie ihm zwischendurch ruhig, wo er mal suchen sollte und etwas finden kann.

Die ganze Familie, besonders die Kinder, können dafür hervorragend eingespannt werden. Die Erwachsenen übernehmen die Schiedsrichterrolle und fordern Verhaltensweisen ein, die Kinder dürfen verstecken und die Hunde suchen. Nach dem Sucherfolg freuen sich alle gemeinsam über die tolle Leistung des Hundes.

Um die Sache noch interessanter zu gestalten, können Sie Ihrem Hund beibringen, ganz bestimmte Dinge zu suchen. Verstecken Sie einen Ball und einen Gummiknochen an verschiedenen Plätzen. Schicken Sie dann Ihren Hund mit dem Kommando »Bring Bällchen« los. Bringt er Ihnen nicht den gewünschten Gegenstand, ignorieren Sie ihn. Kommt er mit dem Bällchen zurück, loben Sie ihn. Anschließend ist der Gummiknochen dran. Dieses Spiel fordert und fördert gleichzeitig sein Denkvermögen. Wenn Sie merken, dass Ihr Hund anfängt sich zu langweilen, bringen Sie einen dritten und vierten Gegenstand ins Spiel. Sie werden sich wundern, wie viele Gegenstände Ihr Hund lernt zu unterscheiden. Ausrangierte geeignete Spielsachen der Kinder werden somit zum Hundespielzeug. Kinder trennen sich dafür gern davon – übrigens auch eine intelligente Form der Kinderzimmer-Entrümpelung.

Intelligenz- und Konzentrationsspiele in der Wohnung

Zur Förderung der Intelligenz bietet sich Intelligenzspielzeug an (siehe Seite 88). Der Hund wird damit über die Futtermotivation animiert, selbstständig Lösungen zu finden, um an die im Objekt versteckte Leckerei zu

Hütchenspiele sind was für clevere Vierbeiner oder die, die es werden sollen. Damit bekommen Sie Ihren Hund auch zu Hause sehr schnell müde.

FAMILY-TIPP

Beachten Sie bei Konzentrationsspielen, dass Hunde und Kinder schnell müde werden können. Überstrapazieren Sie deshalb die Spielteilnehmer nicht. Bei ersten Anzeichen von Ermüdungserscheinungen sollten Sie das Spiel beenden.

Was Hunden Spaß macht

gelangen. Kinder haben oft viel Spaß daran, diese Objekte mit Futter zu befüllen, sie dann dem Hund zu präsentieren und finden es auch superspannend, dem Hund schließlich beim »Knobeln« zuzusehen. Denn was für sie leicht erscheint, ist für Hunde eine große Aufgabe. Das steigert auch das Selbstwertgefühl des Kindes.

Es müssen nicht nur mechanische Objekte sein, an denen sich Ihr Hund abarbeiten kann. Auch gezielte Übungen erfüllen ihren Zweck und fördern die geistige Beweglichkeit. Nutzen Sie dabei die Lernmethode der operanten Konditionierung. Geben Sie dem Hund eine Aufgabe, lassen Sie ihn nach Lösungswegen suchen und belohnen Sie ihn, wenn er richtig reagiert.

Hütchenspiele eignen sich hervorragend, um den Hund geistig zu fordern. Drei Becher, ein Leckerchen benötigen Sie! Legen Sie unter einen Becher die Leckerei, wirbeln Sie die Becher etwas durcheinander und lassen Sie den Hund dann mit der Nase suchen. Wenn er sich für einen Becher entschieden hat, soll er sich bemerkbar machen – etwa durch Vorsitzen, Pfote drauflegen oder Umstoßen.

Balance-Übungen fördern die Konzentration des Hundes. Beginnen Sie zunächst mit einem Tuch, das Sie auf seinen Kopf legen. Motivieren Sie ihn mit einer Leckerei, so zu verharren. Geben Sie ihm, wenn er brav wartet, das Futter und im nächsten Moment ziehen Sie das Tuch vom Kopf. Klappt das, tauschen Sie das Tuch mit einem etwas schwierigeren Objekt, vielleicht ein passendes weiches Kuscheltier, aus. Funktioniert auch damit die Übung, steigern Sie diese mit einem noch schwierigeren Objekt, vielleicht einer Art Würfel aus Stoff oder einem Plastikbecher.

Tobe- und Apportierspiele für draußen

Was drinnen gut ist, kann draußen nicht schlecht sein. Tobe- und Apportierspiele fördern die Bindung. Apportieren bedeutet für einen Hund zunächst etwas abzugeben, was auch der Partner will. Damit er Ihnen die Beute freiwillig hergibt, müssen Sie ihn mit etwas viel Besserem »bestechen«. Eine Art Tausch – Ball gegen Futter oder Seil gegen Ball oder auch Ball gegen Ball –, Sie haben die freie Wahl. Tun Sie so, als ob Sie sich für die Dinge, die Ihr Hund gerade besitzt, überhaupt nicht interessieren, weil Sie ja etwas viel Interessanteres in der Hand halten. Sobald Ihnen Ihr Hund sein Objekt präsentiert, beschäftigen Sie sich mit Ihrem. Ist er in unmittelbarer Nähe, bieten Sie ihm das Tauschgeschäft an. Da kann Ihr Hund garantiert nicht nein sagen. Es läuft hier wie in der Schule: Die Pausenbrote der Klassenkameraden schmecken immer besser! Diese Spiele sind deshalb wunderbar für Kinder geeignet. Denn gerade sie spielen diese Art von Spielen täglich untereinander und kennen die Tricks, über die Körpersprache etwas interessant zu gestalten. Aber die Regel muss lauten: Hund will, was Kind hat und nicht umgekehrt! Toben muss sein, Ihr Hund hat vier Beine und noch mehr Power. Hunde lieben es, in der Erde zu graben und zu

Apportierspiele machen Hunden besonders viel Spaß. Sie müssen sich nur interessant machen und Ihrem Vierbeiner etwas Tolles anbieten. Er wird mitspielen!

Mensch, spiel mit mir!

buddeln. Jetzt müssen Sie ihm nur noch beibringen, auf Kommando mit der Pfotenschaufelei zu beginnen.

- Setzen oder legen Sie Ihren Hund zunächst ab. Zeigen Sie ihm sein Lieblingsspielzeug oder etwas Futter.
- Scharren Sie, sichtbar für ihn, die Erde etwas auf und lassen das Spielzeug hineinfallen. Lassen Sie ihn nicht sofort an die Stelle, erhöhen Sie ruhig die Spannung, indem Sie ihn noch etwas warten lassen.
- Dann geben Sie ihm das entsprechende Hörzeichen (z.B. »Gold« oder »Trüffel«) und zeigen auf die entsprechende Stelle.
- Freuen Sie sich überschwänglich mit ihm, wenn er Futter oder Spielzeug hervorbuddelt.

Nach einigen Wiederholungen können Sie Dinge auch verstecken, ohne dass er zuschaut. Das ist dann wieder eine tolle Aufgabe für Kinder. Die kindliche Spielfreude und Kreativität beim Verstecken hält die Spannung hoch. Führen Sie Ihren Hund im Anschluss an die Stelle, zeigen darauf und lassen ihn buddeln. Später müssen Sie auch nichts mehr vorher vergraben. Lassen Sie ihn hier oder da buddeln und währenddessen fällt der Ball oder etwas Futter in das entstehende Loch. Animieren Sie ihn, während er für Sie gräbt, denn Sie sind ein Team! Sollte sich das »Buddeln« verselbstständigen, können Sie Ihre schwanzwedelnde Schaufel beim Umgraben Ihres Gartens durch ein Ablenkungsmanöver ausbremsen. Aber die meisten Hunde hören von alleine auf, wenn die Belohnung futsch ist. Denn wer arbeitet schon gerne umsonst? Der Hund bestimmt nicht.

Such- und Nasenspiele für draußen

Aufbauend auf der Apportierübung setzen Sie unterschiedliche Objekte aus demselben Material und mit derselben Form und Größe für die Such- und Nasenarbeit ein.

- Beginnen Sie zunächst mit zwei bis drei Objekten, von denen Sie aber ein bis zwei Objekte nicht berühren, sondern nur mit einem Handschuh anfassen. Den Gegenstand, den Ihr Hund liefern soll, fassen Sie mehrmals und etwas länger ohne Handschuh an. Ziel der Übung soll nämlich sein, dass der Hund den Gegenstand findet und bringt, der am intensivsten nach seinem Menschen riecht.
- Verteilen Sie die Gegenstände im Abstand von etwa einem Meter. Fordern Sie ihn nun auf, den Gegenstand zu bringen.
- Liefert er den falschen, geruchslosen Gegenstand, ignorieren Sie ihn. Schauen Sie ruhig gelangweilt weg. Schicken Sie ihn erneut los. In dem Moment, wo er sich für den richtigen Gegenstand interessiert, bestätigen Sie seine Entscheidung überschwänglich.
- Klappt die Übung gut, erhöhen Sie den Schwierigkeitsgrad durch eine größere Zahl von Gegenständen und Möglichkeiten.

Auch das ist eine Übung, die von Kindern schnell erfasst wird und in deren Rahmen sie sich mit dem Hund beschäftigen können. Lassen Sie die Kinder zunächst

Die Jagd nach der Scheibe. Ein Frisbee ist als fliegendes Objekt der Begierde zum Spielen dabei besonders gut geeignet. Nur werfen müssen Sie können!

Was Hunden Spaß macht

zuschauen, weisen Sie sie auf Besonderheiten, auf die sie achten sollen, hin. Dann lassen Sie Ihr Kind probieren. Sie werden erstaunt sein, wie viel Spaß und Freude beide miteinander haben werden.

Lassen Sie Ihren Hund auf Spaziergängen ebenfalls immer mal etwas suchen. Am besten geeignet ist sein Lieblingsspielzeug. Legen Sie den Hund zunächst ab oder lassen Sie ihn absitzen. Zeigen Sie ihm sein Spielzeug deutlich und gehen Sie zu einem Versteck. Dort tun Sie so, als ob Sie es verstecken, und gehen zum nächsten möglichen Versteck. Zu Beginn sollten drei Versteckvarianten ausreichen. Nun lassen Sie Ihren Hund suchen.

Er wird entweder die Verstecke der Reihenfolge nach oder in umgekehrter Reihe absuchen. Mit welcher Strategie er sucht, überlassen Sie ruhig ihm. Über die operante Konditionierung wird er bald den energiesparendsten und somit effektivsten Weg für sich herausfinden. Zeigen Sie Ihrem Hund lediglich Ihre Freude, jubeln Sie ihm zu, wenn er auf dem richtigen Weg ist, das motiviert zu größeren Taten und das Spiel beginnt von vorn. Steigern Sie den Schwierigkeitsgrad der Übung, indem Sie die Anzahl der Verstecke erhöhen und diese immer weiter voneinander entfernt anlegen.

Intelligenz- und Konzentrationsspiele im Freien

Kopfarbeit muss gelernt sein, denn von Natur aus gehen Hunde immer einfache und unkomplizierte Wege. Aber im Prinzip funktioniert es so wie bei uns Menschen: Aus Fehlern wird man klug. Falsches Vorgehen bedeutet für den Hund mehr Energieaufwand, und er ist entsprechend schneller müde. Und das ist ja auch Sinn und Zweck der Übung. Beginnen Sie mit leichten Spielchen, denn die führen nicht nur zu schnellen Lernerfolgen, hier können auch Kinder von Anfang an mit einbezogen werden.

- Beim Brummkreisel-Spiel lernt der Hund in kürzester Zeit, sich um die eigene Achse zu drehen. Motivieren Sie ihn einfach mit etwas Futter, das Sie in einer langsamen Drehbewegung um seinen Kopf kreisen lassen. Ihr Hund muss sich nun einmal um sich selbst drehen, um dem Futter zu folgen. Sprechen Sie dazu das Kommando »Kreis« oder »Drehen« aus. Später wird Ihr Hund Ihrem Kommando folgen und sich drehen wie ein Brummkreisel. Bestätigen Sie Ihn dann mit einem Leckerli nach der zweiten, dritten Runde usw.
- Für das Tunnelspiel können Sie Ihrem Hund relativ schnell beibringen, auf Kommando durch Ihre Beine zu gehen. Stellen Sie sich dazu vor den abgesetzten Hund und grätschen die Beine so weit, dass er bequem durchpasst. Werfen Sie nun, sichtbar für Ihren Vierbeiner, etwas Futter oder seinen Lieblingsball von vorn nach hinten durch Ihre Beine. Animieren Sie den Hund, das Futter oder sein Spielzeug zu holen. Klappt das gut, wird in der Folge der Wurf nur angedeutet. Läuft Ihr Hund erneut durch Ihre Beine, drehen Sie sich um und bestätigen ihn nun aus der Hand mit dem Motivationsmittel. Verbinden Sie das Abrufen des Hundes zum Durchlaufen nun mit einem eigenen Hörzeichen wie »Höhle«, »Tunnel« oder »Durch«.

FAMILY-TIPP

Die Natur ist der beste Spielplatz für Ihren Hund. Nutzen Sie Ausflüge und Spaziergänge, um mit Ihrem Vierbeiner zu spielen. Das bringt Abwechslung und macht nicht nur dem Hund, sondern auch den Kindern Spaß. Nicht nur Lauf- und Jagdspiele, auch Konzentrations- und Intelligenzspiele bereiten viel Freude.

Wasser marsch! Badespaß für Hunde

Eigentlich können Hunde können von Natur aus schwimmen, die meisten Rassen haben sogar Schwimmhäute zwischen den Zehen. Bei den sogenannten Wasserhunden wie Neufundländer oder Retrievern sind diese Schwimmhäute besonders stark ausgeprägt. Sobald sich ein Welpe bewegen kann, ist er auch in der Lage, sich über Wasser zu halten, denn die Bewegung sorgt für den Auftrieb.

Allerdings sind Hunde nicht so schwimmbegeistert wie wir Menschen. Sie strengen sich nur an, wenn es sich für sie lohnt. Ein Hund nutzt das Element Wasser, um sich abzukühlen. Dazu trinkt er es oder taucht seine Pfoten hinein, manchmal spielt er auch damit. Sich beim Schwimmen zu verausgaben, muss für ihn »Sinn« machen. Das kann der Hundehalter sein, dem er folgen will. Es kann auch die Beute sein, die er aus dem Wasser holen will. Es gibt auch immer wieder wasserscheue Hunde. Möglicherweise haben sie in ihrer Prägungsphase (bis zur 16. Lebenswoche) keine oder schlechte Erfahrungen mit dem Wasser gemacht. Viele unbedarfte Hundehalter werfen ihren Welpen einfach mal so in die Fluten, weil sie denken, so lernt der Kleine am schnellsten schwimmen. Doch das kann ins Auge gehen, und man hat einen Hund, der sein Leben lang Angst vor Wasser hat. Er wird diese Situation in Zukunft auf jeden Fall vermeiden und im schlimmsten Fall nicht mal mehr durch eine Pfütze laufen. Um ihn aus dieser ängstlichen Haltung zu befreien, ist viel Training und viel Geduld erforderlich.

Aber auch wenn der Hund im Welpenalter das Schwimmen nicht gelernt hat oder er erst später als neues Familienmitglied beim Badeausflug dabei sein darf – zu spät für den Freischwimmer ist es eigentlich nie. Hunde können bis ins hohe Alter neue Dinge erlernen. Hierfür braucht man nur etwas Ausdauer, ein Lieblingsspielzeug oder ein paar Naschereien.

Ein ruhiges Gewässer eignet sich selbstverständlich besser zum Training als die Meeresbrandung.

So wird aus Ihrem Hund eine Wasserratte

Zuerst muss der Hund natürlich ins oder ans Wasser gelockt werden. Auf diesem Weg sollten Sie ihn für jeden Schritt in die Tiefe mit Lob und Leckerlis belohnen. Haben Sie einen Garten, können Sie anfangs auch ruhig Ihren Sprinkler nutzen, um den Rasen sowie den Hund zu wässern. Hunde lieben es, genauso wie Kinder, durch den Regen des Sprinklers zu laufen. Sie jagen dem Wasser hinterher und versuchen die Wassertropfen zu erwischen,

Nicht jeder Hund ist eine Wasserratte. Manchmal muss da mit einer Schwimmweste nachgeholfen werden.

Was Hunden Spaß macht

Badespaß für Kind und »Kegel«. Die meisten Hunde sind von Natur aus gute Schwimmer. Besonders Labradore lieben das Wasser. Achten Sie aber bitte darauf, dass Kind und Hund sich dabei nicht allzu sehr verausgaben. Sie tragen als »Bademeister« die Verantwortung.

bevor sie auf dem Boden fallen. Hat der Hund nämlich erst einmal ein gutes Gefühl zum Element Wasser aufgebaut, ist es Zeit für den See.
Zunächst geht der Hund mit den Pfoten ins Wasser, dann bis zum Bauch, und irgendwann setzt er sich von selbst in Bewegung und lernt über den Eigenversuch. Schwimmt Ihr Hund seine erste kleine Runde, darf gefeiert werden. Aber bitte nicht gleich übertreiben. Ist die Freude zu groß, neigt auch der Hund zur Übertreibung. Die Familie sollte also die Kondition ihres vierbeinigen Lieblings vorher einschätzen. Hat Ihr Hund schwimmen gelernt, ist der Badespaß für die ganze Familie noch viel größer als ohne kalte Schnauze an der Seite. Vor allem Kinder freuen sich auf das Baden mit dem Familienhund. Aber Vorsicht: Nicht an jedem Strand sind Hunde willkommen. Auch hier gilt das Prinzip der gegenseitigen Rücksichtnahme. Es gibt Menschen, die mögen keine Hunde oder haben sogar Angst vor ihnen. Aus diesem Grund sind Hundebadestellen gekennzeichnet und Hunde an öffentlichen Badestellen meist verboten. Liegt ein See nicht gerade im Naturschutzgebiet, steht dem Planschvergnügen Ihres Familienhundes nichts mehr im Wege.

Die schönste Zeit des Jahres: Urlaub mit Hund

Ein Hund braucht keinen Urlaub. Eine kurze Pause, eine kleine Ruhephase, und schon ist er wieder fit. Ein Hund muss auch nicht in ferne Länder reisen, um sich zu erholen. Er ist da, wo er ist – Hauptsache, seine Meute ist dabei.

Wir Zweibeiner fiebern jedes Jahr den Ferien entgegen und würden natürlich gern die komplette Familie mitnehmen. Laut einer Umfrage der Allianz-Versicherung gehen 42 Prozent der deutschen Hundehalter nicht ohne ihren Vierbeiner in den Urlaub, 69 Prozent suchen den Urlaubsort danach aus, ob dieser für den Hund geeignet ist, und nur sieben Prozent geben ihren Hund während des Urlaubs in eine Pension. Die Familie mit Hund sucht also nicht nur nach Kinderspielplatz und Nachwuchsbetreuung, sondern gleichfalls nach hundgerechten Urlaubsangeboten. Wäre ja auch nur halb so erholsam, die schönste Zeit des Jahres ohne den geliebten Vierbeiner zu verbringen! Aber bevor die Koffer mit dem Hundespielzeug gepackt werden, gilt es, vieles zu beachten und noch mehr vorzubereiten – damit alle entspannt und erholt aus dem Urlaub zurückkommen können.

Die richtige Vorbereitung

Damit Ihr Hund im Urlaub nicht versauert, sollten Sie beim Reiseanbieter nachfragen, ob am gewünschten Urlaubsort genügend Strand oder Freilaufzonen für Ihren Hund vorhanden sind. Fragen Sie bei der Buchung Ihrer Unterkunft nach, ob Ihr Hund willkommen ist und lassen Sie sich die Zusage schriftlich bestätigen. Informieren Sie sich am besten auch gleich nach dem nächsten Tierarzt am Urlaubsort.

Gesundheitscheck

Lassen Sie Ihren Hund rechtzeitig beim Tierarzt durchchecken. Dieser kann feststellen, ob Ihr Tier gesundheitlich klimatischen Veränderungen wie Hitze, Kälte oder hoher Luftfeuchtigkeit gewachsen ist. Außerdem sorgt der Tierarzt für Schutz vor Parasitenbefall, führt bei Auslandsreisen die notwendigen Impfungen und Untersuchungen durch und stellt die erforderlichen Papiere zusammen.

Hunde sind nie urlaubsreif. Aber sie möchten natürlich in der schönsten Zeit des Jahres auch dabei sein. Sie sollten dafür nur alles gut vorbereiten.

Was Hunden Spaß macht

Dazu gehört der blaue EU-Heimtierausweis mit Impf-, teilweise Wurm-, aber vor allem Chipnachweis. Sprechen Sie mit dem Tierarzt über Besonderheiten des geplanten Reiseziels. Besonders bei Reisen in südliche Länder mit mediterranem Klima ist die Ansteckungsgefahr durch Krankheiten, wie Leishmaniose, Babesiose, Ehrlichiose, Borreliose oder Herzwürmer, sehr hoch. Ist Ihr Hund chronisch krank, bitten Sie um ein tierärztliches Attest über die Art und Behandlung der Krankheit – bei einem Auslandsaufenthalt auch in der Landessprache oder in Englisch und denken Sie an den notwendigen Medikamentenvorrat.

Was braucht Hund im Urlaub?

Im Gepäck des Hundes dürfen manche Dinge keinesfalls fehlen:

- Zwei Leinen (davon eine Laufleine), Ersatzhalsband oder Ersatzgeschirr sowie ein Maulkorb (in manchen Ländern Maulkorbpflicht). Versehen Sie Halsbänder und Hundegeschirr mit Ihrer Urlaubsadresse und aktuellen Telefonnummer sowie der Heimatadresse.
- Ausreichend viele »Gassi-Sets« zur Entsorgung der Hinterlassenschaften Ihres Hundes,
- Trink- und Futternapf,
- Fellbürste und Lieblingsspielzeug,
- vertraute Hundedecke, Hundekissen oder Schlafkorb, Transportbox oder Transporttasche falls notwendig,
- Futtervorrat möglichst für die ganze Urlaubszeit (vor allem für magenempfindliche Hunde).

Das gehört in die Reiseapotheke

Bei der Zusammenstellung wird Ihnen gern Ihr Tierarzt oder Apotheker helfen. Erkundigen Sie sich nach am Urlaubsort ansässigen Tierärzten oder Kliniken (Reiseveranstalter oder Fremdenverkehrsbüro).
Folgende Sachen sollten Sie immer in Ihrer Hundeapotheke haben: Präparate gegen Flöhe und Zecken, Zeckenzange, Mittel gegen Übelkeit und zur Beruhigung (z.B. homöopathische Tropfen, Bachblüten), Medikamente gegen Durchfall (z.B. Kohletabletten), Pinzette zum Entfernen von Schmutz und Fremdkörpern aus Wunden, Desinfektionsmittel, Wundspray, Heilsalbe (z.B. bei rissigen Pfoten) Augen- und Ohrentropfen, Einwegspritze zur Eingabe von Medikamenten oder zur Spülung der Augen, Verbandsmaterial, Polsterwatte, Wundkompressen und Schere.

Sicher und vertraut: die Hundetransportbox

Eine Hundetransportbox muss für Reisen, vor allem bei Luft-, Wasser- und Schienentransport, stabil und ausbruchsicher sein. Von zwei Seiten muss eine Luftzufuhr gewährleistet werden. Falls das Tier sehr lange unterwegs

FAMILY-TIPP

Beachten Sie die Regeln in Hotels, Pensionen, Ferienapartments und auf Campingplätzen.
Lassen Sie Ihren Hund nur außerhalb der Hotelanlage oder Campingareals sein »Geschäft« verrichten.
Entsorgen Sie immer die Hinterlassenschaften Ihres Hundes.
Behalten Sie Ihren Hund immer in Ihrer Nähe, damit er nicht die Nachbarschaft »belästigt«.
Leinen Sie Ihren Hund in unübersichtlichem Gelände an, damit er nicht verloren geht.

Die schönste Zeit des Jahres: Urlaub mit Hund

ist, braucht die Box eine von außen zu befüllende Wasserzufuhrmöglichkeit sowie eventuell einen Futternapf. Der Hund muss in der Box bequem stehen und ausgestreckt liegen können, ohne die Decke oder eine Wand zu berühren. Allerdings sollte der Hund aus Sicherheitsgründen auch nicht zu viel Platz haben. Die Box sollte außerdem wasserdicht sein. Kissen, Decken, Holzwolle sind beim Transport mit öffentlichen Mitteln zur Polsterung erlaubt, nicht jedoch Heu oder Stroh.

Besorgen Sie sich frühzeitig eine Transportbox, damit Ihr Hund Zeit hat, sich daran zu gewöhnen. Bereits der Welpe kann eine Hundebox als festen Platz im Haus erhalten und diese auch auf allen Reisen nutzen. Zur Gewöhnung an die Box füttern Sie Ihren Hund zunächst nur noch darin und nutzen diese eine Zeit lang ausschließlich zum Start in alles Angenehme, wie Spaziergänge, Spiel oder Kuscheleinheit. Lassen Sie den Hund dort auch ruhig schlafen. Schließen Sie zunächst nur hin und wieder die Tür. Nach und nach gewöhnt sich Ihr Hund über die von der Box ausgehenden Annehmlichkeiten an seine »Herberge« und reagiert auch auf deren »Verschluss« völlig neutral.

Vor Reisebeginn sollten Sie auf keinen Fall vergessen, Ihre Adresse, Telefon- und Handynummer sowie die Urlaubsanschrift auf die Box zu schreiben. Auch der Name des Hundes sollte vermerkt sein, damit das Reisebegleitpersonal ihn ansprechen kann. Geben Sie Ihrem Hund zwölf Stunden vor einer Reise die letzte Mahlzeit.

Mit dem Hund unterwegs

Blinde Hundeliebe kann im Auto tödlich enden. Hunde gehören nicht auf den Schoß oder unangeschnallt auf den Beifahrersitz. Aber auch in anderen Verkehrsmitteln gibt es Regeln zu beachten, wenn Hunde transportiert werden. Eine Hundetransportbox bedarf im Flieger einer bestimmten Größe und keine Zugfahrt darf ohne Beißkorb angetreten werden.

Reise mit dem Auto

Wer mit dem eigenen Auto verreist, tut seinem Hund einen großen Gefallen. Für den Vierbeiner ist das eine stressfreie Variante. Sie können Reiseverlauf und Pausen (ca. alle zwei bis drei Stunden) selbst planen. Ihr Hund ist mit dem Auto vertraut, und Sie haben genug Platz für ihn und sein Gepäck. Beachten Sie, dass Hunde als Ladung gelten und während der Fahrt entsprechend gesichert sein müssen. Eine in Fahrtrichtung fixierte, stabile und an die Größe des Hundes angepasste Transportbox bietet Ihrem Hund während der Fahrt Sicherheit. Sitzt Ihr Hund gesichert auf der offenen Ladefläche, trennen Sie diese vom Insassenteil des Wagens mit einem stabilen Hundenetz oder -gitter. Vorsicht: Es besteht Verletzungsgefahr durch verrutschendes Gepäck. Der Transport im geschlossenen Kofferraum ist verboten. Ruhige Hunde dürfen auf

Wenn Sie mit dem Auto reisen, muss Ihr Hund im Fahrzeug gut gesichert sein. Dazu eignen sich Hundebox, Trenngitter oder Gurt am besten.

der Rückbank mit einem fest installierten Hundesicherheitsgurt sitzen. Sie bieten dann natürlich auch eine gute Ablenkung für Kinder, wenn die Fahrt zu lange dauert. Außerdem können Hunde sehr beruhigend sein. Nichts kann so einschläfernd auf Kinder wirken wie der ruhig vor sich hindösende Familienhund.

Öffnen Sie während der Fahrt die Autofenster nur einen Spalt breit, Hundeaugen sind zugempfindlich (Bindehautentzündung). Wie Kinder sollte auch der Familienhund niemals von der Straßenseite aus ins Auto gelassen oder wieder herausgeholt werden. Nehmen Sie Ihren Hund beim Verlassen des Autos vorsichtshalber an die Leine. Lassen Sie Ihren Hund keinesfalls bei hohen Temperaturen oder Sonne allein im Auto. Im Fahrzeuginneren wird es sehr schnell heiß, es besteht Hitzschlaggefahr. Versorgen Sie ihn mit ausreichend Trinkwasser.

Reisen mit der Bahn

Leine und Maulkorb sind zunächst Pflicht und unbedingt mitzuführen, die Deutsche Bahn befördert zukünftig keine Anlagehunde bzw. sogenannte Kampfhunderassen mehr. Zum Speisewagen hat ein Hund keinen Zutritt. Kleine Hunde, die in eine Transporttasche passen, dürfen umsonst mit der Bahn reisen. Hunde, die frei an der Leine laufen, zahlen den Kindertarif, also kostet die Fahrkarte 50 Prozent des normalen Fahrpreises. Vermeiden Sie Fahrten zu den Hauptverkehrszeiten: Großes Gedränge im Zug beunruhigt Ihren Hund.

Fühlt sich ein Mitreisender gestört von Ihrem Hund, müssen Sie das Abteil wechseln. Reist der Hund im Schlafwagen mit, muss das ganze Abteil gebucht werden. Wer ins Ausland reist, sollte die unterschiedlichen Bahnbestimmungen für Europa bei den Botschaften einholen (Grenzpapiere nicht vergessen!).

Reisen mit dem Flugzeug

Fliegen Sie mit Ihrem Hund nur in absoluten Ausnahmefällen, um gesundheitliche Risiken und Stress zu vermeiden. Als Richtlinie für eine Mitnahmeentscheidung gilt: Für einen Urlaub, der mindestens vier Wochen dauert, kann es für einen Hund trotz aller Strapazen durchaus lohnend sein, Sie zu begleiten. Bei kürzeren Ausflügen oder bei Flügen, die länger als fünf Stunden dauern, ist davon abzuraten.

Überlegen Sie es sich gut, ob Sie Ihrem Hund zumuten, in einer kleinen Box mehrere Stunden in sehr lauter und fremder Umgebung ohne Bezugsperson ausharren zu müssen. Ihr Hund muss während der ganzen Flugzeit in einer geschlossenen Transportkiste ausharren. Kleinere Hunde bis etwa acht Kilogramm Gewicht werden im Passagierraum in einer verschlossenen, luftdurchlässigen, wasserdichten Tiertransportbox mit Sichtfenstern befördert. Größere Hunde verbringen den Flug in einer Box im klimatisierten Frachtraum. Doch die gesamte Verladeprozedur ohne Ihr Beisein, die fremde Umgebung und das Alleinsein machen Ihrem Hund Angst. Informieren Sie sich genau über die Transportbedingungen, da die Bestimmungen und Kosten stark variieren.

Ankunft am Urlaubsziel. Erkundigen Sie sich rechtzeitig über die gesetzlichen Bestimmungen am Ferienort. Ihr Hund muss gechipt und geimpft sein.

Die schönste Zeit des Jahres: Urlaub mit Hund

Gemeinsames Urlaubsvergnügen

Egal ob Meer oder Berge: Hunde lieben die Natur, das Element Wasser und die Weite. Sie genießen den Urlaub genauso wie Herrchen und Frauchen. Hauptsache, ihr »Mensch« ist an ihrer Seite.

Am Meer

Viele Hunde lieben es, im Meer zu schwimmen und sich am Sandstrand auszutoben. Erkundigen Sie sich, wo Hunde am Strand erlaubt sind oder ob eventuell ein Hundestrand in der Nähe ist. Eine Süßwasserdusche nach dem Bad entfernt das Salz aus dem Fell, verhindert Verfilzungen und Hautreizungen. Badet Ihr Hund trotz Hitze nicht gerne, sorgen Sie für einen Schattenplatz. Halten Sie sich grundsätzlich nicht zur heißesten Tageszeit mit Ihrem Hund am Meer auf. Passt das Ambiente, steht dem Spiel von Kind und Hund nichts im Weg, denn beide buddeln gern im Sand herum.

FAMILY-TIPP

Genormter EU Heimtierausweis ist mitzuführen. Für Reisen innerhalb der Europäischen Union müssen Tiere gegen Tollwut geimpft sein. Der Hund benötigt die Kennzeichnung mit Mikrochip. Im Heimtierausweis müssen Impfung, Kennzeichnung und Beschreibung des Tieres eingetragen sein.

Die Tarife sind sehr unterschiedlich. Die meisten Fluggesellschaften »verrechnen« den Hund (inklusive Transportbox) mit der normalen Freigepäckgrenze. Es wird teilweise aber auch über die festen Übergepäck-Tarife abgerechnet. Fliegt Ihr Hund in der Kabine, fliegt er gewöhnlich umsonst oder zu einem geringen Preis. Kann er nicht in der Kabine transportiert werden, sind für Hin- und Rückflug im europäischen Raum mindestens 60 Euro Mehrkosten einzukalkulieren.

Flüge, bei denen man umsteigen muss, sollten vermieden werden. Dadurch wird Stress durch Zwischenaufenthalte mit Aussteigen, Umladen oder eventuell falsches Beladen vermieden. Vorsicht auch bei Flügen in hundeunfreundliche Länder! Hundeboxen werden unsanft wie Koffer behandelt oder in der prallen Sonne stehen gelassen. Kümmern Sie sich rechtzeitig um alle nötigen Papiere, um Probleme an der Grenze zu vermeiden. In Einzelfällen können unangenehme Sanktionen erfolgen. Schlimmstenfalls wird Ihr Tier sogar in Quarantäne genommen. Das bedeutet großes Leid für Ihren Hund und erhebliche Kosten für Sie.

Urlaub am Meer bedeutet für die ganze Familie Erholung. Vermeiden Sie, dass Ihr Hund Salzwasser trinkt, das kann zu Durchfall führen.

Was Hunden Spaß macht

Wanderungen

Für den Hund als Lauftier sind Spaziergänge und leichte Wanderungen mit seinem »Rudel« das Schönste. Lassen Sie Ihren Hund möglichst frei laufen oder nehmen Sie ihn an die Laufleine, damit er sein Tempo selbst bestimmen kann. Planen Sie bei langen Wanderungen genügend Pausen ein und nehmen Sie genügend Trinkwasser auch für ihn mit. Kennzeichnen Sie den Hund sichtbar, mit einem Halsband oder Geschirr mit Signalfarbe. In Wäldern ist es wichtig, die Zugehörigkeit und Kontrolle des Hundes nach außen deutlich zu machen, damit er nicht mit einem Streuner oder Wilderer verwechselt wird. Wettläufe und Suchspiele während der Wanderung schaffen Abwechslung für Kind und Hund.

Auch ein Wanderausflug ins Gebirge kann für den Hund ein großes Vergnügen bedeuten. Als Vierbeiner ist er Ihnen als Kletterer in mittelschwerem Terrain sogar überlegen.

Fahrradtouren

Fahrradtouren sollten dem Gesundheitszustand und der Kondition Ihres Hundes angepasst werden. Vermeiden Sie Touren in der Mittagshitze und nehmen Sie bei der Geschwindigkeit Rücksicht auf Ihren Hund. Fahren Sie auf Feldwegen und verkehrsarmen Straßen und meiden Sie stark befahrene Strecken. Alle Unternehmungen an der frischen Luft sind die beste Urlaubsbeschäftigung für Ihren Hund. Aber Dauer, Schwierigkeitsgrad und Tempo eines Ausflugs sollten die Kräfte Ihres vierbeinigen Freundes nicht übersteigen. In den Pausen kann mit Suchspielen nach Futter oder hündischen Spielobjekten zwischen Kind und Hund für Abwechslung und ein Abstecher zum Badesee für eine Abkühlung sorgen.

Wenn der Hund daheim bleiben muss

Sie sollten genau abschätzen, ob Sie den Reisestress Ihrem Hund zumuten möchten. Machen Sie das am besten abhängig von Reisedauer, Reisetransport und Urlaubszeitraum. Können Sie Ihren Hund nicht mitnehmen, bitten Sie Freunde oder Verwandte, in Ihrem Zuhause einzuhüten. Ihr Hund fühlt sich in vertrauter Umgebung wohler.

Auch wenn Sie keinen Hundesitter finden, müssen Sie nicht auf den Urlaub verzichten. In jeder Stadt bieten Hundehotels und -pensionen Platz, Pflege und Beschäftigung für Ihren Vierbeiner an. Sie sollten allerdings rechtzeitig vorher die mögliche Pflegestelle genau prüfen, damit Ihr Hund während Ihres Urlaubs nicht leiden muss. Hotels und Pensionen auf dem Land oder am Rande einer Stadt haben »Platzvorteil« und sollten bevorzugt werden. Besichtigen Sie die Pension vorher, auch spontan. Lassen Sie sich die amtstierärztliche Genehmigung für die ordnungsgemäß geführte Pension und die Ausbildungsnachweise der Tierpfleger/-innen vorlegen. Eine gute

FAMILY-TIPP

Geben Sie Ihrem Hund Zeit, um sich einzugewöhnen. Füttern Sie auch am Urlaubsort die vertraute Nahrung. Behalten Sie möglichst den gewohnten Tagesrhythmus mit Fütterungs- und »Gassi«-Zeiten bei. Lassen Sie Ihren Hund weder im Auto noch an anderen Orten allein. Steigern Sie den Umfang ungewohnter Aktivitäten langsam und vermeiden Sie Überforderung.

Die schönste Zeit des Jahres: Urlaub mit Hund

Ein Radausflug macht der ganzen Familie Spaß. Allerdings dürfen Sie Ihrem Kind und Hund nicht zu viel zumuten. Also nicht gleich übertreiben. Machen Sie während der Mittagshitze eine große Pause und nehmen Sie ausreichend Wasser mit. Sonst ist das Vergnügen nur von kurzer Dauer

Pension steht immer im Kontakt mit einem Tierarzt, lassen Sie sich die Adresse geben. Fragt Sie der Betreiber nach den notwendigen Impfungen, Flohprophylaxen und einer vorherigen Entwurmung, spricht das für Verantwortungsgefühl. Ein Pluspunkt.

Die Unterkünfte sollten hell, sauber, gut belüftet und ausbruchsicher sein. Die Pension sollte eine Gruppenhaltung für sozial verträgliche Hündinnen und kastrierte Rüden im Freigehege anbieten, dann hat Ihr Hund mehr Spaß im Urlaub. Die richtige Pension betreut nicht nur, sondern sorgt auch für ausreichenden Auslauf und individuelle Spaziergänge. Werfen Sie ruhig einen Blick ins Lager und prüfen Sie das Futter. Es sollte hochwertig und frisch sein. Schön wäre es, wenn Sie Ihr eigenes Futter mitbringen könnten, daran ist der Hund gewohnt. Lassen Sie sich den Tagesablauf erklären. Es muss dabei genügend Zeit für Auslauf und Betreuung sein. Der Betreiber einer guten Pension interessiert sich für Ihren Hund, erzählen Sie ihm von den Besonderheiten, Charaktereigenschaften, Lieblingsessen, Empfindlichkeiten. Diese Daten sollten für das Personal sichtbar an der Tür der Unterkunft angebracht werden. Schließen Sie einen schriftlichen Vertrag mit der Tierpension ab und vergessen Sie nicht, Ihre Urlaubsadresse und Telefonnummer zu hinterlegen und alle notwendigen Papiere und Utensilien mitzubringen. Dann haben alle was vom Urlaub.

Ernährung und Pflege: alles, was der Hund braucht

»Ist der Hund gesund, freut sich der Mensch«… Altersgerechte Fütterungs-, Haltungs- und Pflegemaßnahmen vergrößern die Lebensfreude, die Vitalität und das Wohlbefinden jedes Hundes. »Passen« die Rahmenbedingungen, dann wirkt sich das auch positiv auf seine Verhaltensweise, sein psychisches Wohlergehen aus.

Ernährung und Pflege: alles, was der Hund braucht

Fütterung: Ausgewogen muss sie sein

Hunde wollen immer fressen. Das liegt in ihrer Natur. Frei nach dem Motto »Wer weiß, wann ich wieder was zu futtern kriege – also hau' ich mir lieber jetzt den Wanst voll.« Da aber ein Hund in Menschenhand nicht alleinverantwortlich jagen und sich damit Nahrung beschaffen kann, muss er sich an unsere Regeln und Zeiten gewöhnen.

Ein Hund, der ständig frisst und dafür nichts leisten muss, wird schnell dick und hat keinen Spaß mehr am Toben und Spielen. Es gibt zwar keine festen Regeln, wann und wie oft Sie Ihren Familienhund füttern sollten. Für den erwachsenen Hund reichen aber zwei Mahlzeiten täglich, denn so ist die Futtermenge pro Portion geringer und belastet nicht so stark den Stoffwechsel. Die Uhrzeit ist variabel, eine Mahlzeit können Sie morgens geben, die zweite spätestens bis 18 Uhr. Damit sorgen Sie dafür, dass der Magen in der Nacht nicht zu sehr belastet ist. Ist der Napf nicht ausgefressen, so entsorgen Sie den Rest zeitnah. Als Futterplatz bietet sich die Küche an, sie ist meist gefliest und leicht zu reinigen.

Zwei Näpfe braucht der Hund

Der ideale Futternapf sollte solide verarbeitet sein. Für große Hunde ist eine erhöhte Napfposition günstig, um Haltungsschäden vorzubeugen. Auch für Rassemodelle mit Schlappohren sind solche höheren Fresspositionen besser geeignet, da die »Löffel« nicht ins Futter hängen. Wenn Sie einen Welpen ins Haus geholt haben, der mit Sicherheit im Erwachsenenalter recht groß wird, eignet sich ein Futternapf mit einem stabilen höhenverstellbaren Ständer, der sozusagen mit Ihrem vierbeinigen Familienmitglied mitwächst. Neben dem Futter- braucht der Hund auch einen Wassernapf. Ausreichend Trinkwasser (am besten stilles Mineralwasser) sollten Sie Ihrem Hund – besonders wenn er mit Trockenfutter ernährt wird – immer zur Verfügung stellen und jeden Tag auswechseln, falls er was übrig gelassen hat.

Kalorien zählen – auch für Hunde

Neben dem »normalen« Hundefutter (dazu zählt auch Futter aus der Dose oder BARF) können Sie zusätzlich Hundekekse und Leckerlis (z.B. Trockenfleisch) als

Bei der täglichen Fütterung Ihres Vierbeiners sollten Sie Ihr Kind mit einbeziehen. Denn Ihr Nachwuchs lernt dabei, Verantwortung zu tragen.

Fütterung: Ausgewogen muss sie sein

Belohnung bei Erziehung und Training einsetzen. Diese Extraportionen sollten von der täglichen Futterration abgezogen werden. Wer ausschließlich Trockenfutter zur Fütterung verwendet, kann auf regelmäßige Mahlzeiten ganz verzichten. Dann wird ein ganztägiges Buffet eröffnet und der Hund durch Fütterung direkt aus der Hand für gute Leistungen motiviert und umfangreich bestätigt. Sie müssen natürlich nur darauf achten, nicht zu wenig oder zu viel zu geben (siehe auch Futtertabelle Seite 141). Die Fütterungsbestätigung macht übrigens besonders Kindern Spaß, denn sie können das Futter selbständig ein- sowie verteilen und der Hund hat Freude daran, das auszuführen, was das Kind fordert. Ein Futterbeutel hilft, die Hundenahrung immer parat zu haben.

Das richtige Futter

Nicht die Form der Fütterung (Nass- oder Trockenfutter sowie BARF) ist entscheidend, sondern wann und wie Sie Ihren Familienhund füttern und wie hoch der Nährwert ist.

- Füttern Sie nicht alles durcheinander. Wenn Sie ständig verschiedene Futtersorten von unterschiedlicher Qualität servieren, bedeutet das für Ihr vierbeiniges Familienmitglied eine permanente Umstellung. Und so was schlägt auf den Magen. Der Verdauungsapparat wird ständig gereizt, und das führt zu Störungen. Wollen Sie von einer Futtersorte auf eine andere umstellen, dann bitte nur langsam.
- Verwöhnen Sie Ihren Hund nicht zu sehr, denn zu viel Abwechslung führt zu Mäkelei und auch zu Verdauungsproblemen. Es kann zu Nahrungsunverträglichkeiten bzw. Reizmagen und IBD (»Irritable Bowel Syndrom«) kommen. Die Schmackhaftigkeit des Futters kann dadurch erhöht werden, dass Sie das Futter auf Körpertemperatur erwärmen. Trockenfutter können Sie z.B. im Verhältnis 1:1 mit 40 Grad warmem Wasser anrühren. Servieren Sie bitte niemals eiskaltes Futter, das kann zu Magenschleimhautentzündungen führen.

- Verhindern Sie von Anfang an jede Form von Bettelei. Auch wenn Ihr Hund noch so hungrig und herzzerreißend guckt, bleiben Sie hart. Wenn Sie nachgeben, bestätigen Sie dieses Verhalten und Ihr Hund lernt im schlimmsten Fall, Futter einzufordern. Das kann anstrengend und auch gefährlich werden. Wer in der Familie für das Füttern zuständig ist, spielt keine Rolle. Achten Sie darauf, dass Ihr Hund sich sein Futter verdient, wie – ob durch Tricks, Gehorsamkeit oder Spiele – bleibt Ihrer Phantasie als Rudelführer überlassen.

Kleine Hunde, großer Hunger

Bis zur fünften Lebenswoche ernährt sich der Welpe ausschließlich von Muttermilch. Danach wird mit der Zufütterung begonnen. Die Nahrung sollte ausgewogen und vielfältig sein. Kleine Hunde bekommen drei- bis viermal am Tag kleine Portionen, junge Hunde zwischen dem dritten und neunten Monat sollten zwei- bis dreimal am Tag fressen. Für den Welpen können Sie schon mal eine Mischung aus Fleisch, Gemüse und Getreideflocken

FAMILY-TIPP

Ihr Hund benötigt nicht zwingend feste Mahlzeiten. Für große Hundeexemplare sollten erhöhte Napfpositionen gewählt werden. Es bieten sich höhenverstellbare Hundebars an.
Zu viel Abwechslung beim Futter führt beim Hund zu Mäkelei.
Ignorieren Sie jegliche Bettelei des Hundes.

kochen. Damit keine Mangelerscheinungen auftreten, muss darauf geachtet werden, dass genügend Nährstoffe, wie Proteine, Kohlenhydrate, Fette, Mineralien, Vitamine und Ballaststoffe, in der Mahlzeit enthalten sind. Auch rohes Obst, z.B. Äpfel oder Bananen, und frisches Gemüse können Sie verfüttern. Es sollte aber püriert und mit einem Schuss Öl gemischt werden, da der Hundemagen sonst die Vitamine nicht verwerten kann. Reis und Nudeln liefern zusätzlich Kohlenhydrate.

Alte Hunde, wenig Hunger

Bei Senioren verringert sich die Speichelsekretion, die Zähne sind abgenutzt und die Verdauung arbeitet langsamer. Das führt dazu, dass einige Hunde mit zunehmendem Alter schlechter fressen. Der ältere Hund hat auch durch die Senkung seiner Aktivitäten einen geringeren Energiebedarf. Deshalb sollten Sie die Futtermenge um ca. 30 Prozent senken. Auch spezielles Futter für den Senior-Familienhund wird angeboten.

Der Hund lebt nicht nur vom Fleisch allein. Eine ausgewogene Ernährung hält ihn lange fit.

Trockenfutter: schnell und unkompliziert

Das Fertigfutter aus der Tüte muss in Deutschland hohen Anforderungen gerecht werden. Der Vorteil liegt ganz klar in der einfachen Handhabung – wenn der Nährwert stimmt. Sie sollten sich aber immer die Angaben zu Inhaltsstoffen und Zusammensetzung genau durchlesen. Im Handel werden viele verschiedene Sorten von Hundefutter angeboten. Grundsätzlich sollten Sie darauf achten, dass die Qualität gut ist. Besonders industriell gefertigtes Billigfutter ist oft schwer verdaulich und besitzt eine niedrige Energiedichte, weil es oft nur aus gekochten tierischen Nebenprodukten besteht und in der Regel mit bis zu 80 Prozent Getreide angereichert ist. Getreide kann das Verdauungssystem des Hundes meist nicht ausreichend verwerten, außerdem ist dieser Füllstoff oftmals Auslöser von Allergien. Achten Sie beim Kauf von Fertigfutter bitte auf folgende Vermerke auf der Packung:

- keine Verwendung von Fleisch- oder Geflügelmehl oder tierischen Nebenerzeugnissen
- hoher Fleischanteil, mindestens 40 Prozent
- keine Zusätze von genveränderten Inhaltsstoffen, chemischen Konservierungs- und Farbstoffen
- nur Zutaten in Lebensmittelqualität
- geringer Getreideanteil oder getreidefrei
- ohne Tierversuche hergestellt.

Nassfutter: Hundenahrung aus der Dose

Lange Haltbarkeit und gute Hygiene und Lagerung sind der große Vorteil dieser Art des Futters. Achten Sie wie beim Trockenfutter auf die Qualität. Viele Hersteller greifen auf sogenanntes Formfleisch zurück. Formfleisch ist ein Fleischprodukt, welches industriell aus kleineren Fleischstücken und -resten zusammengesetzt wird. In Deutschland ist bei der Herstellung von Formfleisch auch das

Strecken mit Zusatzstoffen, was das Produkt verbilligt, erlaubt. So kann der tatsächliche Fleischanteil geringer sein, als es die Angabe auf der Verpackung vermuten lässt. Produkte mit einem Fleischanteil unter fünf Prozent sollten vermieden werden.

Als Motivation und Belohnung bei Erziehung und Ausbildung des Hundes ist diese Nahrung aufgrund ihrer Konsistenz auch nicht sehr geeignet. Für das »Futtertraining« müssten Sie also immer jede Menge Hundekekse parat haben. So aber wird die Dosenfütterung zum kostspieligsten aller Fütterungssysteme.

BARF: eine gesunde Alternative

Immer mehr Hundehalter entschließen sich, ihr Tier durch die biologisch artgerechte Rohfütterung zu ernähren, weil diese Form der Ernährung als artgerecht verstanden wird. Alle Nahrungsbestandteile können vom Verdauungssystem des Hundes optimal verwertet werden – was sich übrigens in kleineren Kothaufen, aber auch in glänzendem Fell, gepflegten Zähnen und überhaupt einer höheren Vitalität bemerkbar macht.

Durch BARF muss Ihr Familienhund alles erhalten, was er braucht: Eiweiß, Fett, Mineralien, Vitamine, Enzyme und Ballaststoffe. Nur durch rohes Fleisch allein bekommt Ihr Hund nicht alles, was er zum Leben benötigt. Auch hier gilt: Einseitige Ernährung kann zu Mangelerscheinungen führen. Deshalb gehören zu einer ausgewogenen BARF-Mahlzeit auch Obst und Gemüse. Schließlich ernähren sich auch Fleischfresser wie der Wolf nicht nur von reinem Muskelfleisch, sondern auch von den pflanzlichen Mageninhaltsstoffen des Beutetieres. Auch Beeren und Grünzeug gehören beispielsweise auf den wölfischen Speiseplan und versorgen ihn mit den lebensnotwendigen Vitaminen.

Die Kehrseite der Medaille: Die Zubereitung einer BARF-Mahlzeit ist mit einem höheren Zeitaufwand verbunden, schließlich müssen Obst, Gemüse und Fleisch zerkleinert und zubereitet werden. Barfen kann auch teurer sein als Hundefutter aus der Dose oder der Tüte – allerdings können Sie selbst auf die Wahl Ihrer Einkaufsquellen Einfluss nehmen und sich preisgünstige erschließen.

Der richtige Futterplan

Die Futtermenge ist abhängig von Alter, Rasse, Gewicht und Aktivitätsgrad. Dabei spielt auch der Gesundheitszustand eine Rolle. Dennoch können Sie sich an folgenden Hinweisen zur Futter-Gesamtmenge orientieren, denn bei der BARF-Fütterung gilt folgende Formel:

- Der Hund erhält eine Tagesration von 2–3 Prozent des Gesamtkörpergewichts.
- Ist Ihr Hund sehr schlank und aktiv (z. B. Jagdhundrasse) dürfen es auch 3 Prozent sein.
- Bei älteren, trägen oder leicht übergewichtigen Hunden sollten 2–2,5 Prozent Futtermenge reichen.

FAMILY-TIPP

Welpen und kleine Hunderassen sollten drei- bis viermal täglich gefüttert werden, aber immer nur mit kleinen Portionen. Junge Hunde sollten zwei- bis dreimal täglich Futter erhalten. Bei älteren Hunden (ab 8 Jahre) bitte etwas weniger nährstoffreich füttern. Bis zu 30 Prozent weniger Kalorien als in jungen Jahren können es schon sein.

Ernährung und Pflege: alles, was der Hund braucht

Haben Sie das Gewicht der Gesamtfuttermenge errechnet, teilen Sie diese Zahl in 30 Prozent Gemüse und 70 Prozent Fleisch (Muskelfleisch) inklusive Knorpel und Innereien.

Das kann in den Hundenapf

Fleisch macht zwar den größten Teil der Hundenahrung aus, allerdings braucht Ihr Hund auch noch andere Futterkomponenten. Für eine ausgewogene Ernährung können Sie Folgendes füttern:

Fleisch, Knochen, Innereien

Ein Tier, das in der Natur erbeutet wird, liefert den Hundeartigen – dazu gehört der Wolf ebenso wie der Hund – die Nahrungsbestandteile Eiweiß (Proteine), Fett, Vitamine, Mineralien und Spurenelemente. Als Hundehalter können Sie Ihren Hund mit folgenden proteinhaltigen Nahrungskomponenten versorgen. Sollte Ihr Hund rohes Fleisch ablehnen, können Sie es kurz anbraten oder mit kochendem Wasser überbrühen, damit es einen stärkeren Geruch bekommt.

- Zur Fütterung geeignet sind Muskelfleisch, Innereien, Knochen und Knorpel von Rind, Ziege, Pferd, Pute, Huhn, Ente, Kaninchen und Wild. Auch Fisch (z.B. Sardinen, Lachs, Karpfen, Thunfisch – auch aus der Dose, Wels, Zander usw.) kann zur Abwechslung gegeben werden. Niemals dürfen Sie Ihrem vierbeinigen Familienmitglied rohes Schweinefleisch servieren, da dadurch das Aujeszky-Virus übertragen werden kann. Die Erkrankung durch dieses Virus, die »stille Wut«, verläuft bei Hunden immer tödlich!
- Innereien, wie Leber, Niere, Milz, Lunge, Herz, Pansen und Blättermagen, sind gute Vitaminlieferanten. Sie sollten ca. 10 bis 15 Prozent der Gesamtmenge des Fleisches ausmachen. Innere Organe, wie Leber, Lunge, Milz und Niere, sollten höchstens einmal im Monat gefüttert werden. Sie sind nämlich für die Entgiftung des Körpers zuständig, dort sammeln sich die Ausscheidungsprodukte. Innereien sollten nicht gemeinsam mit anderem Fleisch gefüttert werden, da sie zu Durchfall führen können.
- Knochen sind wertvolle Kalziumlieferanten. Vermeiden Sie jedoch Röhrenknochen. Bitte füttern Sie überwiegend Fleischknochen, Rippenknochen oder Knorpel. Geflügelhälse und -flügel bitte immer roh servieren, da sie sonst leicht splittern. Grundsätzlich tabu sind gekochte Knochen.

Obst und Gemüse

Der Hund bekommt über das Obst und Gemüse die nötigen Vitamine, Mineralien, Enzyme und Pflanzenstoffe für die Darmreinigung. Obst und Gemüse sollten immer püriert werden, da der Hund sie nur so optimal verdauen kann.

- Geeignet sind Blattgemüse (Löwenzahn, Spinat, Staudensellerie, Knollenfenchel usw.), Fruchtgemüse, wie Gurken und Zucchini, und Wurzelgemüse, wie Möhren (können täglich gegeben werden), sonstige Rübensorten, Knollensellerie und diverse Salatsorten. Brokkoli sollte nur gekocht serviert werden. Gar nicht geeignet sind Nachtschattengewächse wie z.B. Tomaten, Zwiebeln, ungekochte Kartoffeln, Paprika, Auberginen,

Die Fütterung sollte nicht selbstverständlich sein. Nutzen Sie die Gunst der Stunde und lassen Sie Ihr Kind eine Trainingseinheit damit verbinden.

Artischocken und Avocados. Sie enthalten den für den Hund giftigen Stoff Solanin.

▎ Obst sollte so gegeben werden, wie auch wir es essen: Unverdauliche Schalen werden entfernt, ebenso Kerne und Steine. Geeignet sind z.B. Äpfel, Bananen, Beeren, Birnen, aber auch exotische Sorten, wie Papaya und Melone. Obst mit viel Säureanteil, wie Orangen, Mandarinen, Kiwi oder Ananas, sollten wenig gefüttert werden. Nicht empfehlenswert sind Weintrauben, Quitten, Holunderbeeren, Karambole und Kapstachelbeere, sie können teilweise schwere Nierenschäden verursachen.

Kräuter und Nüsse

Basilikum, Borretsch, Bohnenkraut, Dill, Kerbel, Petersilie, Schnittlauch, Oregano, Thymian, Salbei und Majoran enthalten viele Vitamine, Mineralien und Enzyme. Sehr gerne werden von vielen Hunden auch mal Nüsse, wie Erd-, Hasel- oder Walnüsse, und Kerne, wie Sonnenblumen-, Kürbis- und Cashewkerne – natürlich in zerkleinerter Form –, genascht. Sie versorgen den Hund ebenfalls mit vielen Vitaminen und Mineralstoffen.

Milchprodukte

Sie sind eine ideale Fett- und Eiweißquelle und können, müssen aber nicht verfüttert werden – schließlich stehen sie in der Natur auch nicht auf dem Menüplan. Etwas Frischkäse, Kefir, Magerquark und Hüttenkäse runden den Speiseplan ab. Ideal um die Darmflora nach Durchfällen wieder aufzubauen sind Buttermilch, Magerjoghurt und -quark. Reine (Kuh-)Milch ist meist unverträglich.

Öle

Ein Schuss Öl auf jede Mahlzeit ist wichtig, da einige fettlösliche Vitamine, die in Gemüse und Obst enthalten sind, nur in Verbindung mit Öl vom Körper aufgenommen werden können. Geeignet sind Speiseöle, wie Sonnenblumen-, Raps-, Oliven-, Soja- und Leinöl. Aber auch Fischöle, Schmalz und Butter können in kleinen Mengen die Mahlzeit abrunden.

Getreide

Getreide kann gefüttert werden, wenn der Hund es verträgt! Es gehört zu den Kohlenhydraten, die der Hund nicht unbedingt benötigt, die eine Mahlzeit aber auffüllen können. Die Sorten Amaranth, Hirse, Quinoa, Buchweizen, Mais und Reis sind gut verträglich, da sie glutenfrei sind. Auch gekochte Nudeln und gekochte Kartoffeln können mal untergemischt werden.

Snacks und Häppchen

Getrocknete tierische Produkte, wie Ochsenziemer, Schweineohren, Pansen und Hühnerfüße, sind nicht nur Appetithäppchen, sondern auch gut für Zähne und Zahnfleisch.
Schokolade und andere zuckerhaltige Süßigkeiten sind Gift für den Hund und dürfen nicht verfüttert werden! Also lieber selber essen!
Tipp: Leckerlis als Trainingshappen und Belohnung gibt es in unzähligen Varianten. Besonders beliebt: Putenstreifen, Wurststücke und Käsehäppchen – dafür tut ein Hund fast alles.

So bestimmen Sie die ideale Futtermenge

Gewicht des Hundes	bei 2 %	Fleisch/Gemüse	bei 3 %	Fleisch/Gemüse
10 kg	200 g	150 g/50 g	300 g	250 g/50 g
15 kg	300 g	250 g/50 g	450 g	350 g/100 g
20 kg	400 g	330 g/70 g	600 g	500 g/100 g
25 kg	500 g	400 g/100 g	750 g	600 g/150 g

Ernährung und Pflege: alles, was der Hund braucht

Ein Muss: Fell- und Körperpflege

Um Ihren Familienhund zu pflegen, müssen Sie ihm nicht gleich das Fell über die Ohren ziehen. Aber damit er sich wohlfühlt und lange gesund bleibt, sollten Sie ihm regelmäßig – und vor allen Dingen vorbeugend – auf den Pelz rücken oder sich die Zähne zeigen lassen.

Sie müssen mit Ihrem Hund ja nicht gleich in eine Waschanlage fahren – das macht man in Amerika so –, zum Friseur oder ständig zum Tierarzt gehen. Mit dem richtigen Werkzeug und dem »Gewusst wie« können Sie vieles auch zu Hause in und mit der Familie erledigen. Auch wenn es heißt »nur ein schmutziger Hund ist ein glücklicher Hund«: Ein gut gepflegter Hund lacht am längsten.

Wenn Sie Ihren Familienhund regelmäßig pflegen, fördern Sie dabei gleichzeitig die soziale Bindung. Gewöhnen Sie deshalb Ihren vierbeinigen Freund sehr früh an die Pflegemaßnahmen. Dazu gehört aber nicht nur das Bürsten, sondern auch die regelmäßige Kontrolle der Ohren, Augen, Zähne und Pfoten. Verbinden Sie deshalb die tägliche Pflegeaktion ruhig mit einem Hörzeichen, führen Sie alles Notwendige auf spielerischer Weise durch und belohnen Sie Ihren Hund nach der Prozedur mit einem Leckerli.

Fellpflege

Unsere Hunde haben ein ganz unterschiedliches Haarkleid: Kurz-, Mittel-, Lang-, Draht- und Stockhaar. Eine typische Stockhaarrasse, d.h. Deckhaar mit Unterwolle, ist beispielsweise der Deutsche Schäferhund. Drahthaar findet man bei einigen Fellvarianten unterschiedlicher Hunderassen, bekannt sind dafür Dackel oder Terrierrassen.

Die meisten Vierbeiner wechseln zweimal im Jahr, im Frühjahr und Herbst, ihre Haarpracht. Zur Unterstützung und Beschleunigung des Fellwechsels können Sie Ihrem Hund in dieser Zeit zusätzlich Vitamine und Omega-3-Fettsäuren geben, die zum Beispiel in Leinöl und Wildlachsöl enthalten sind. Die Dosierung ist abhängig von der Größe des Hundes. Grundsätzlich gilt: Pro zehn Kilogramm Körpergewicht einen Esslöffel pro Tag. Da Hunde während des Fellwechsels oft eine trockene Haut haben, verbessern Sie dadurch die Fellstruktur und pflegen gleichzeitig die Haut. Bei manchen Hunderassen ist der Besuch eines Friseurs unerlässlich.

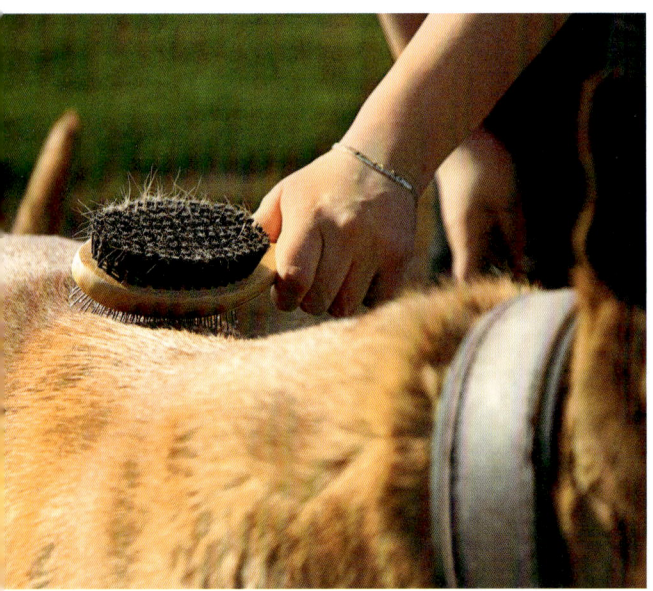

Fellpflege kann auch für Ihren Hund ein Genuss sein. Mit der richtigen Bürste verabreichen Sie ihm eine wohlige Massage.

Ein Muss: Fell- und Körperpflege

Hunde mit kurzem Fell benötigen etwas weniger Pflege. Dennoch sollten alle Rassen gebürstet und gepflegt werden. Vor allem Langhaarrassen benötigen regelmäßige Pflege, damit das Fell nicht verfilzt. Sie brauchen dazu die passende Bürste und für längeres Haar einen Kamm. Beim wohligen Durchbürsten werden die über den ganzen Körper verteilten Talgdrüsen aktiviert, deren Sekret als Schutz gegen Nässe, Kälte und Schmutz wirkt. Deswegen ist das Baden oder Waschen des Hundes mit normalem Shampoo auch nicht sinnvoll. Es gibt natürlich Ausnahmen. Wenn sich Ihr Familienhund in Aas, Kot oder Ähnlichem gewälzt hat, sollten Sie ein spezielles Hundeshampoo benutzen und Ihr »Ferkel« im Anschluss mehrmals kräftig durchbürsten. Greifen Sie zu Shampoos und Hundeseifen, die mit hochwertigen natürlichen Pflanzenölen hergestellt sind. Sie beeinflussen den ph-Wert der Hundehaut nicht negativ und erhalten so deren natürlichen Schutzfilm.

Hundefell trocknet relativ schnell. Wenn Sie trotzdem Ihren Vierbeiner fönen möchten: Bitte nur kurz und mit niedriger Temperatur!

Folgende Bürstenarten sind für die unterschiedlichen Fellarten geeignet:

- Kurzhaar: weiche Naturborsten-Bürste, im Anschluss Gumminoppen-Handschuh
- Stockhaar: lang gezahnter Striegel, im Anschluss ein weit gezahnter Striegel
- Wolliges Fell: Zupfbürste für Unterwolle, im Anschluss eine Naturborsten-Bürste
- Mittel- und Langhaar: Entfilzungskamm und im Anschluss eine Naturborsten-Bürste

Einige Hunderassen, wie beispielsweise Pudel oder Havaneser, besitzen kein Fell, sondern Haar. Diese Rassen haben keinen Fellwechsel und müssen daher getrimmt werden. Darunter versteht man das Herausziehen des alten, locker gewordenen Deckhaares. Das ist etwas für Spezialisten. Suchen Sie einen Groommer (Hundefriseur) auf. Der verpasst Ihrem Familienhund nicht nur einen schicken Schnitt, sondern gleich ein ganzes Wellness-Paket. Die Kosten für einen Friseurbesuch beginnen bei 40 bis 50 Euro. Hunderassen mit Haar, wie Pudel und der Irish Soft Coated Wheaten Terrier, sind übrigens auch für Allergiker geeignet.

Lästige Untermieter

Die richtige und regelmäßige Fellpflege schützt Ihren Familienhund vor lästigen Plagegeistern, wie Zecken, Flöhe, Läuse, Haarlinge und Milben. Diese »Mitbewohner« können schwere Hauterkrankungen auslösen, wie z.B. Räude. Gegen alle diese Parasiten helfen sogenannte Spot-On-Präparate, die es beim Tierarzt oder in der Apotheke gibt. Eine Alternative zu diesen starken chemischen Mitteln sind Spot-On-Präparate auf natürlicher Basis, die Sie beim Tierheilpraktiker beziehen können.

Typische Anzeichen von Hauterkrankungen sind vermehrtes Kratzen, Lecken und auch Wälzen. Je nach Art der

FAMILY-TIPP

Glänzendes Fell und gesunde Haut bei Ihrem Hund erhalten Sie durch die Zufütterung von Brennnesseln. Dafür die frische Brennnessel – Blätter und Samen – zerkleinern und direkt ins Futter geben: Kleine Hunde etwa 2 Teelöffel, große Hunde 4 bis 6 Teelöffel. Im Winter können es auch getrocknete Brennnesseln sein. Hier benötigt man dann jeweils die Hälfte der genannten Menge.

Ernährung und Pflege: alles, was der Hund braucht

Parasiten finden Sie – wenn Sie das Fell unter die Lupe nehmen – Kot oder Eier.

- Um **Flohbefall** festzustellen, können Sie das Fell mit einem speziellen Flohkamm ausbürsten. Kämmen Sie den Rutenansatz mit dem Spezialkamm, klopfen Sie diesen auf einem weißen Küchenpapier aus. Beträufeln Sie das, was sich aus dem Kamm löst, mit etwas Wasser. Flohkot verfärbt sich rot. In diesem Fall sollten Sie zum Tierarzt gehen.
- Bei einem **Milbenbefall** ist ein rostbrauner Belag auf der Haut des Hundes zu sehen. Auch hier kann der Tierarzt weiterhelfen. Wenn Sie nicht rechtzeitig reagieren, kann der Parasitenbefall zu Haarausfall und chronischen Ekzemen führen.
- Besonders gefährlich sind **Zecken**. Sie bohren sich in die Haut des Hundes und können schwere Erkrankungen, wie Borreliose, Babesiose und Anaplasmose, verursachen. Untersuchen Sie nach einem Spaziergang in der Natur bitte immer wieder das Fell Ihres Familienhundes. Je früher Sie eine Zecke entdecken, desto leichter ist es, sie wieder zu entfernen. Mit einer speziellen Zeckenzange, die in allen handelsüblichen Läden erhältlich ist, können Sie diesen Plagegeist herausdrehen. Hier helfen alte Hausmittel, wie die Zecke mit Öl oder Kleber zu beträufeln, nicht, sind sogar kontraproduktiv. Die Zecke sondert im Todeskampf nur noch mehr gefährliche Speichelsekrete ab.

Krallenpflege

Hunde haben kräftige und durchblutete Krallen, die unterschiedlich schnell wachsen und unterschiedlich beansprucht werden. Die Krallen haben die richtige Länge, wenn sie in normaler Haltung der aufgesetzten Pfote nicht ganz den Boden berühren. Sollten die Krallen durch das Laufen nicht richtig »abgenutzt« werden, müssen Sie sie kürzen. Dazu gibt es spezielle Krallenzangen. Lassen Sie sich am besten vom einem Tierarzt oder Tierheilpraktiker zeigen, wie Sie die »Operation« durchführen können, ohne Ihrem Familienhund dabei Schmerzen zuzufügen. Es ist wichtig, dass die Blutgefäße nicht angeschnitten werden. Werden sie verletzt, ist es für den Hund sehr schmerzhaft, die nachfolgende Blutung ist stark und schwer zu stillen. Es gibt natürlich auch Hunde, die sich dieser Prozedur verweigern und schnappen, weil sie Angst vor der »bösen« Zange haben. Hier gibt es eine gute und günstige Alternative: Bei kleineren Rassen und Welpen können Sie, ohne die Blutgefäße zu verletzen, die Krallen feilen. Spezielle Krallenfeilen sind einfach zu handhaben und bereits für fünf Euro im Handel erhältlich.

Bei manchen Hunderassen kommen sogenannte Wolfskrallen (auch Afterkrallen) vor. Sie befinden sich an den Innenseiten der Hinterläufe unterhalb der Ferse. Die sogenannte Daumenkralle dagegen befindet sich an der Innenseite der Vorderläufe. Diese überflüssigen »Laufwerkzeuge« nutzen sich bei der normalen Bewegung nicht ab. Sofern sich der Hund diese Krallen nicht beim Putzen der Pfoten selbst kürzt, sollten Sie diese ebenfalls regelmäßig kürzen bzw. vom Tierarzt kürzen lassen.

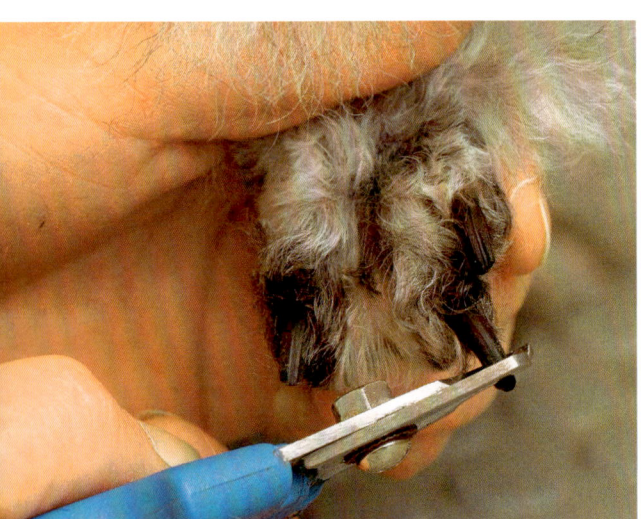

Regelmäßiges Krallenschneiden – mit geeignetem Werkzeug – kann Verletzungen vermeiden. Nur dürfen Sie dabei »den Nerv« nicht treffen.

Ein Muss: Fell- und Körperpflege

FAMILY-TIPP

Sind die Pfoten rau und spröde, hilft Hirschhorntalg. Die Pfotencreme pflegt, schützt und heilt. Nicht nur im Winter, sondern auch bei trockenen Pfoten im Sommer!

Augen- und Ohrenkontrolle

Die Augen Ihres Hundes müssen Sie nicht regelmäßig säubern, Sie sollten sie aber immer mal wieder kontrollieren. Hat sich zu viel Augensekret angesammelt, wischen Sie die Augen mit einem weichen und feuchten Tuch ab. Trübe, entzündete oder gerötete Augen können auf eine Bindehautentzündung hinweisen. Die sollte nur vom Tierarzt behandelt werden. Bitte verwenden Sie keinen Kamillentee zur Reinigung der Augen, denn der kann allergische Reaktionen auslösen.

Die Ohren Ihres Familienhundes sollten Sie täglich kontrollieren und wöchentlich reinigen – und nicht nur, wenn Ihr Hund mal wieder nicht hören will! Verwenden Sie dafür ein Tuch und reinigen Sie nur die äußere Gehörmuschel. Mit Schwarztee oder ein paar Tropfen Calendula-Essenz im Wasser wird diese für den Hund nervige Prozedur erträglicher, weil die Haut dabei nicht gereizt wird. Bitte träufeln Sie keine Ohrenreiniger oder Ähnliches in die Ohren. Durch die dadurch entstehende Feuchtigkeit und Wärme in den Gehörgängen können sich Pilze und Bakterien ansiedeln, die wiederum zu einer Infektion führen können. Ein bisschen Ohrenschmalz gehört einfach in ein gesundes Hundeohr!

Schorfige Ablagerungen, rote Stellen oder auffälliger Geruch und eine Kopfschiefhaltung deuten auf Krankheiten oder Parasiten im Ohr hin. Wenn sich Ihr Familienhund häufig an den Ohren kratzt und Sie keine Flöhe oder Zecken finden, sollten Sie zum Tierarzt gehen. Im Gehörgang können sich auch Fremdkörper wie Grannen befinden, die auch tierärztlich entfernt werden müssen.

Zahnpflege

Hunde kommen ohne Zähne zur Welt. Erst nach zwei bis drei Wochen beginnen die Zähne zu wachsen. Die 28 Milchzähne werden etwa mit vier bis sechs Monaten durch die 42 bleibenden Zähne ersetzt. Während dieses Zahnwechsels knabbern junge Hunde gerne alles an und schrecken auch vor teuren Möbeln und Schuhen nicht zurück. Deshalb sollte Sie Ihrem Hund in dieser Zeit Kauartikel (Ochsenziemer, Büffelhautknochen usw.) anbieten. So schonen Sie die Wohnungseinrichtung und Ihr vierbeiniges Familienmitglied ist mit der Zahnpflege

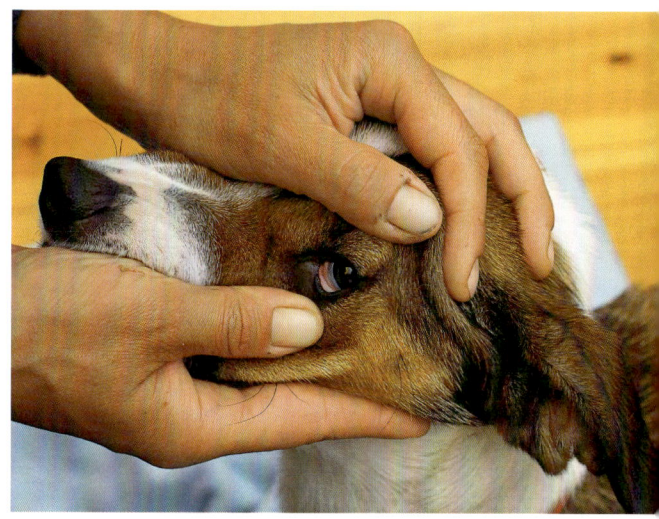

Auch die Augen sollten regelmäßig kontrolliert und gereinigt werden. Eine Bindehautentzündung muss vom Tierarzt behandelt werden.

Ernährung und Pflege: alles, was der Hund braucht

beschäftigt. Befindet sich der junge Hund im Zahnwechsel, sollte Sie darauf achten, dass alle Milchzähne ausfallen. Bleibt ein Milchzahn im Kiefer, obwohl der neue Zahn bereits durchbricht, sollten Sie den Tierarzt konsultieren. Die beste Prophylaxe für ein gesundes Gebiss und Zahnfleisch ist eine artgerechte Ernährung (siehe Seite 136), regelmäßige Kontrollen beim Tierarzt (zweimal jährlich) und natürlich das Zähneputzen. Es gibt mittlerweile ein ganzes Sortiment an Zahnbürsten und -pasten für Hunde. Praktisch ist ein sogenannter Zahnputzfinger mit speziellen Fasern (ähnlich wie Mikrofasern), der ohne chemische Zusätze die Zähne reinigt und so gegen Beläge und Karies vorbeugt. Stülpen Sie einfach den »Zahnputzfinger« über den Zeigefinger und säubern Sie die Außenflächen des Hundegebisses. Bei täglicher Anwendung muss dieser Zahnputzfinger (ca. 5 €) nach vier bis sechs Wochen ersetzt werden und ist also eine sich lohnende Investition.

FAMILY-TIPP

Wenn Ihr Hund aus dem Fang riecht, kann das ein Anzeichen für Erkrankungen im Bereich der Zähne und des Zahnfleisches sein. Der unangenehme Geruch wird durch Bakterien verursacht, die sich um die Zähne herum ansiedeln. Spätestens dann heißt es wieder: Auf zum Tierarzt zur Zahnreinigung. Er muss ja nicht gleich bohren.

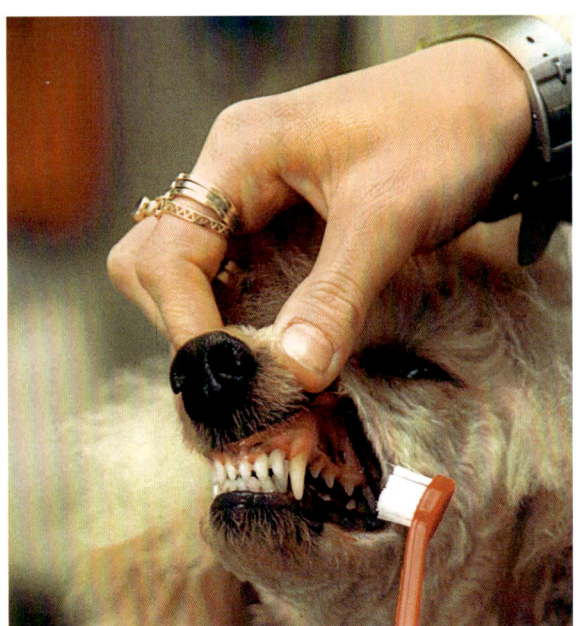

Eine artgerechte Ernährung mindert die Probleme im Zahnbereich. Regelmäßiges Putzen hilft zusätzlich, Zahnstein zu verhindern.

Was tun bei Zahnschmerzen?

Vier von fünf Hunden weisen im Alter von sechs Jahren Parodontose auf. Auch bei unseren Vierbeinern ist das oft der Grund von Schmerzen. Wenn Hunde Zahnschmerzen kriegen, jaulen sie nicht so wie wir Menschen auf. Die meisten leiden lieber still, um den »Feinden« keine Schwächen zu zeigen, äußerliche Anzeichen sind kaum wahrzunehmen. Kaut der Hund nur noch auf einer Seite oder schluckt er die Nahrung nur noch unzerkaut, kann das ein Hinweis auf Zahnprobleme sein. Je genauer Sie Ihren Hund beobachten, umso eher können Sie solche Auffälligkeiten im Verhalten erkennen. Indizien für Schmerzen sind:

- Nahrungsverweigerung
- vermehrter Speichelfluss
- vermehrtes Lecken über den Fang
- trauriger Blick
- leises Fiepen und Winseln
- starker Geruch aus dem Fang

Was tun, wenn der Hund krank ist

Wir gehen mit unseren Hunden anders um als unsere Vorfahren. Früher wurden Hunde als Nutztiere auf dem Hof gehalten, mittlerweile aber sind sie zu Familienmitgliedern aufgestiegen. Entsprechend eng ist unser Verhältnis zu ihnen. Und wenn einer aus der Familie krank wird, wird er zum Arzt geschickt.

Wenn Hunde Schmerzen haben oder krank sind, zeigen sie es nicht so wie Menschen. Sie jammern nicht laut – damit würden sie in der Natur nur Feinde aufmerksam machen – sie leiden still. Sie müssen als Hundehalter deshalb die Signale Ihres Tieres genau deuten. Anzeichen, bei denen Sie den Tierarzt aufsuchen sollten, sind die folgenden:

- Ihr Familienhund will bestimmte Gelenke nicht mehr belasten, er vermeidet darüber hinaus schnelle Bewegungen.
- Er läuft nicht mehr gerne längere Strecken, setzt sich immer wieder hin, schläft mehr als sonst oder zieht sich – im schlimmsten Fall – zurück.
- Er hat Durchfall, nimmt auffällig ab, kratzt sich ständig hinter den Ohren, knabbert am Schwanz und an anderen Stellen des Körpers herum. Das Fell wird löchrig und stumpf.
- Er kneift die Augen zu, sie sind rot und tränen.

Nehmen Sie diese Anzeichen ernst und suchen Sie den nächsten Tierarzt auf. Erst nach einer gründlichen Diagnose kann eine Erkrankung behandelt werden. Rechtzeitig aufgesucht, kann der Tierarzt Leben retten.

Um als Hundehalter in der Lage zu sein, erste Anzeichen einer Erkrankung bei Ihrem vierbeinigen Familienmitglied zu erkennen, sollten Sie ihn in den unterschiedlichen Lebenssituationen ständig und gewissenhaft beobachten. Eine Krankheit kann immer nur dann behandelt werden, wenn sie als solche erkannt worden ist. Für eine genaue Diagnose sind für den Veterinär Ihre Informationen wichtig. Der Tierarzt benötigt dazu insbesondere folgende Angaben:

- Seit wann erscheint Ihr Hund krank?
- Welche Veränderungen haben Sie beobachten können?
- Wie ist der Appetit Ihres Hundes?
- Wie sind Kot- und Harnabsatz und Beschaffenheit?
- Wie hoch ist die Körpertemperatur?

Um einen Besuch beim Tierarzt kommt kein Hundehalter herum. Mit etwas Schmackhaftem aber ist die Behandlung nur noch halb so schlimm.

Ernährung und Pflege: alles, was der Hund braucht

Mögliche Krankheitsanzeichen und ihre Symptome

Anzeichen für krankhafte Veränderungen können Sie an folgenden Merkmalen erkennen:

Veränderung im Gesamtverhalten
- Trauriges, unlustiges, mürrisches, übellauniges Benehmen
- Ungewohnte Aggressivität
- Häufiger Lagerwechsel und Schreckhaftigkeit
- Planloses Hin- und Herlaufen
- Winseln und Stöhnen oder Aufschreien und Heulen
- Ängstlichkeit oder Gleichgültigkeit gegenüber der Umwelt

- Ausdrucksloser Blick
- Langsamer, schleichender Gang
- Erhöhtes Schlafbedürfnis

Veränderung in der Körperhaltung
- Unnatürliche Haltung des Kopfes sowie unnatürliche Haltung der Wirbelsäule und Gliedmaßen
- Humpeln

Veränderung im Ernährungszustand
- Übermäßige Abmagerung
- Hochgradiger Fettansatz

Veränderung der sichtbaren Schleimhäute
- Auffallende (gelbliche) Verfärbung der Schleimhäute, etwa von Augenbindehaut und Maulschleimhaut

Veränderung der Körpertemperatur
- Die Temperatur sollte bei 37,5 Grad bis 39 Grad, beim Welpen bei 39,5 Grad liegen. Gemessen wird im After. Eine kalte und nasse Nase sagt nichts über den Gesundheitszustand aus!
- Neben erhöhter kann auch verminderte Temperatur auftreten.

Veränderung des Pulsschlages
- Die Zahl der Pulsschläge schwankt je nach Rasse zwischen 80–120 pro Minute, Variationen treten aufgrund von Lebensalter und Körpergröße auf. Gefühlt werden kann an der Innenseite des Oberschenkels.
- Er steigt auch bei psychischer und physischer Belastung an.

Veränderungen an den Verdauungsorganen
- Übler Geruch aus dem Fang kann auf Entzündungen im Maulbereich, Nierenprobleme oder Zahnerkrankungen hindeuten.
- Blutiger Speichel ist oft durch eine Verletzung durch Stöcke oder Knochen verursacht.

FAMILY-TIPP

Ein Indianer kennt keine Schmerzen: Ihr Hund wird Ihnen nie bewusst anzeigen, wo und warum ihm was weh tut, besonders wenn es sich um innere Krankheiten handelt.

In Ihrer Hausapotheke sollten Sie Beinwellsalbe haben. Sie hilft bei Blutergüssen, Prellungen, Verstauchungen, Verbrennungen, Knochenbrüchen, Schürfwunden, Akne, Furunkel und allen Hautreizungen bzw. -ausschlägen. Da Beinwell die Haut sehr schnell heilen lässt, sollte er aber nicht bei tiefen Wunden angewendet werden.

Was tun, wenn der Hund krank ist

- Verminderter oder gesteigerter Appetit ist eine Begleiterscheinung, keine Erkrankung.
- Auffallend starker Durst kann ein Symptom für Nierenentzündung, Fieber, Gebärmuttervereiterung sein.
- Veränderung bei der Verdauung spricht für eine Magen-Darmerkrankung.
- Erbrechen kann durch Parasiten, Gifte und Fremdkörper, verursacht sein, dient aber auch einfach der Magenreinigung.
- Durchfall kann durch Vergiftung, Unterkühlung, Fehlernährung oder Schneefressen begründet sein.
- Verstopfung (Hartleibigkeit) kann für eine Brucheinklemmung oder Würmer sprechen.
- Schlecht verdaute Futterreste im Kot können Hinweis auf eine Bauchspeicheldrüsenerkrankung sein.
- Schmerzen beim Kotabsatz stehen eventuell für eine Entzündung im Afterbereich oder eine Erkrankung im Wirbelsäulenbereich.
- Blutiger Kot deutet auf Darmverletzung, Schleimhautentzündung oder Magen-Darm-Infekt hin.

Veränderungen an den Atmungsorganen

- Die normale Atemfrequenz beträgt bei großen Hunden ca. 20–30 Atemzüge pro Minute, bei kleinen Hunden und Welpen ca. 30–50 Atemzüge pro Minute.
- Trockene, warme, rissige Haut des Nasenspiegels
- Heftiges Niesen durch heftiges Juckgefühl
- Wischen der Nase mit den Pfoten
- Wässriger, schleimig-eitriger Ausfluss
- Nasenbluten

Veränderungen des Harns

- Der Harnabsatz sollte täglich beobachtet werden.
- Die Farbe des Harns sollte zwischen hell- und dunkelgelb liegen.
- Tropfenweise abfließender Harn spricht für eine Erkrankung der Blase/Niere (sofort zum Tierarzt).
- Trüber, rötlich bis brauner Harn spricht für eine Blasen- oder Nierenerkrankung (sofort zum Tierarzt).

Erste Hilfe

Kommt es zu Verletzungen, so ist es manchmal notwendig, sofort selbst aktiv Maßnahmen zu ergreifen. Nach den Erstmaßnahmen sollten Sie aber schnellstmöglich den Tierarzt aufsuchen. Kündigen Sie bei einem Notfall Ihr Erscheinen mit einem Anruf an. Dann kann Ihr Tierarzt Vorbereitungen für eine sofortige Versorgung treffen und Wartezeiten werden vermieden.

Ein Notfallpatient sollte schonend, wenn möglich mit zwei Personen transportiert werden. Sorgen Sie für eine bequeme Lagerung. Neben einer Hundetransportbox, deren Dach sich abnehmen lässt, eignet sich alternativ auch der Wäschekorb. Achten Sie unbedingt darauf, verletzte Gliedmaßen weich und stabil zu lagern.

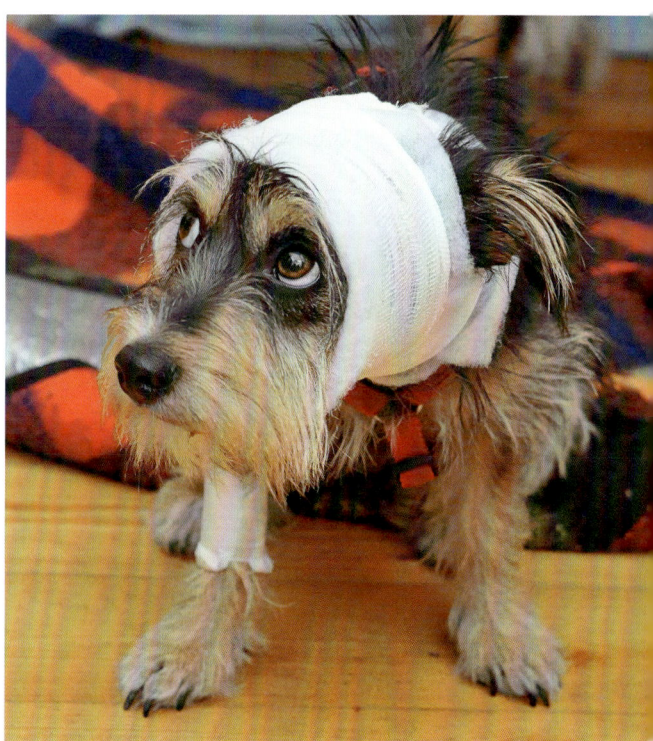

Bei leichten Verletzungen können Sie selber aktiv werden. Dazu ist ein Erste-Hilfe-Kurs sinnvoll. Viele Hundeschulen bieten diesen Service an.

Ernährung und Pflege: alles, was der Hund braucht

Atem- und Herzstillstand: Bei Anzeichen einer angestrengten Atmung bei zurückgezogenen Lefzen und gestrecktem Hals, einer blau anlaufenden Zunge sowie weniger als sechs Atemzüge pro Minute besteht akute Lebensgefahr.

Legen Sie Ihren Hund auf die rechte Seite, öffnen Sie das Maul und reinigen Sie es von Blut, Erbrochenem usw. Strecken Sie seinen Kopf und ziehen Sie die Zunge so weit wie möglich heraus. Alle drei Sekunden müssen Sie nun eine Mund-zu-Nase-Beatmung durchführen. Bei Herzstillstand sollten Sie es abwechselnd mit Herzmassage versuchen. Dazu knien Sie sich hinter den Rücken des Hundes und üben bei geraden Armen und mit übereinander gelegten Handballen Druck auf den Brustkorb (bei kleinen Hunden oberhalb vom Ellenbogengelenk) aus, ca. zehnmal, dann zweimal beatmen. Kontrollieren Sie alle zwei Minuten die Atmung und den Pulsschlag.

Die normale Atemfrequenz beträgt bei großen Hunden ca. 20–30 Atemzüge pro Minute, bei kleinen Hunden und Welpen ca. 30–50 Atemzüge pro Minute. Die normale Herzfrequenz beträgt bei großen Hunden ca. 80 Schläge pro Minute, bei kleinen Hunden und Welpen ca. 80–120 Schläge pro Minute.

Blutungen: Legen Sie einen Verband oder Druckverband bei stärkeren Blutungen an.

Brüche: Bei Anzeichen einer Schwellung, die mit Schmerzen, eventuell mit Verformung und Hochhalten des Gliedes verbunden ist, sollten Sie auf keinen Fall versuchen, selbst einzurenken oder zu schienen. Bitte decken Sie Ihren verletzten Hund nur ab und bringen ihn sofort zum Tierarzt.

Fremdkörper in Auge oder Ohr: Bitte lassen Sie Fremdkörper immer nur vom Tierarzt entfernen.

Fremdkörper in Pfote oder Körper: Kleinere Gegenstände (Glassplitter, Dornen) können Sie vorsichtig mit einer Pinzette entfernen, größere Gegenstände nicht entfernen, denn beim Herausziehen können Sie gefährliche Blutungen auslösen. Bitte transportieren Sie Ihren Vierbeiner sofort zum Tierarzt.

Hitzschlag: Anzeichen sind starkes Hecheln, Atemnot, Bewusstlosigkeit, Körpertemperatur über 40 Grad Celsius. Bringen Sie Ihren Hund sofort an einen kühlen Ort und kühlen Sie ihn mit Wasser ab – am besten mit einem feuchten Tuch und immer von den Beinen zum Kopf hin.

Insektenstich: Kühlen Sie die Schwellung, entfernen Sie eventuell den Stachel, bei einem Stich in den Rachenraum sollten Sie diesen von außen kühlen und dann sofort zum Tierarzt (Erstickungsgefahr) fahren.

Magendrehung: Ihr Hund verhält sich unruhig mit eingezogenem Bauch und gekrümmtem Rücken, der Bauch bläht auf, der Hund hat starke Schmerzen und versucht erfolglos zu erbrechen. Es besteht ein absoluter Notfall! Fahren Sie sofort zum Tierarzt, meist hilft nur eine sofortige Notoperation!

Schock (allgemeines Kreislaufversagen): Anzeichen sind zuerst allgemeine Schwäche, eventuell Bewusstlosigkeit, Puls und Atmung schnell und flach, blasse oder bläuliche Schleimhäute, Untertemperatur, Gliedmaßen

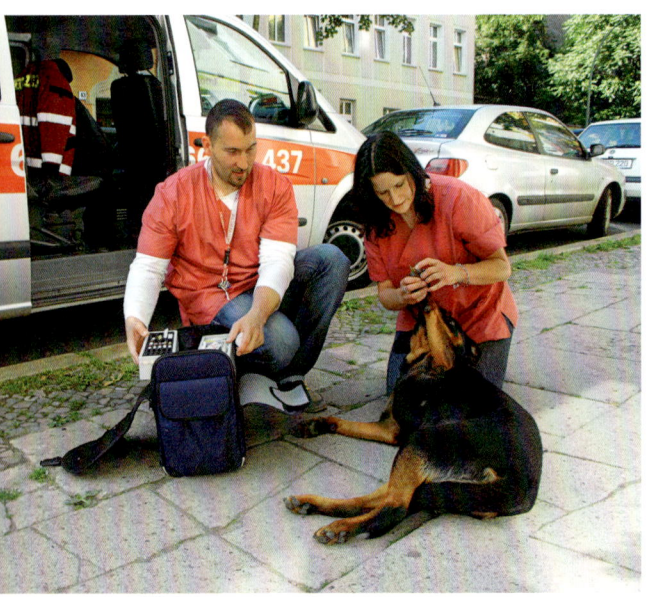

In vielen deutschen Städten sind mittlerweile zum Wohl Ihres Hundes auch mobile Notärzte unterwegs. Nutzen Sie diese Dienstleistung im Fall der Fälle.

Was tun, wenn der Hund krank ist

und Ohren kalt, im fortgeschrittenen Stadium kann der Hund ins Koma fallen. Dieser Zustand kann zum Beispiel nach einer Impfung auftreten oder nach Gabe eines Medikamentes, welches nicht vertragen wurde (Anaphylaktischer Schock).
Legen Sie Ihren Hund auf die rechte Seite, öffnen Sie sein Maul, strecken Sie seinen Kopf und lagern Sie sein Hinterteil mit Kissen oder Decke hoch. Schützen Sie ihn vor Unterkühlung und decken Sie den Hund mit einer Decke zu. Dann bitte ganz schnell zum Tierarzt. Diese Situation ist lebensbedrohlich!
Unterkühlung: Sie äußert sich durch Teilnahmslosigkeit oder sogar Bewusstlosigkeit, das Tier fühlt sich kalt an, die Körpertemperatur kann unter 30 Grad Celsius liegen. Einen unterkühlten Hund dürfen Sie nur langsam aufwärmen, ansonsten besteht die Gefahr eines Schocks. Bringen Sie Ihren Hund an einen warmen Ort, wickeln Sie ihn in eine Decke und rubbeln Sie den Hund langsam warm. Legen Sie noch unter Umständen eine Wärmflasche dazu.
Verbrennung: (verursacht durch Feuer, heißes Öl oder Wasser, elektrischen Stromschlag): Halten Sie die verbrannte Stelle 10–15 Minuten unter fließend kaltes Wasser. Sie können Ihren Hund ruhig dabei in die Badewanne stellen. Anschließend kühlen Sie mit Eisbeuteln oder Kühlpads die betroffenen Stellen – bitte nicht direkt auf die Haut legen, immer in ein Tuch wickeln. Eine offene Wunde verbinden Sie bitte vorher mit sterilem Mull und einer Kompresse. Verwenden Sie keine Brandsalbe oder Jodlösungen und öffnen Sie auf keinen Fall Brandblasen.
Vergiftung: Anzeichen sind Magenschmerzen, Erbrechen, Lethargie, Durchfall, Blutungen. Anweisungen zur Ersten Hilfe erhalten Sie durch die Giftnotruf-Zentrale Uniklinik Mainz, Tel: 06131/19240 für akute Fälle oder für nicht akute: www.giftinfo.uni-mainz.de. Behandeln Sie Ihren Hund auf keinen Fall selbst zum Beispiel durch Verabreichung von Milch, Öl oder Salzwasser. Bringen Sie die Giftquelle wenn möglich zur Untersuchung zum Tierarzt mit.

Keine Angst vor dem Tierarzt!

Nicht nur im Notfall ist Ihr Tierarzt für Sie und Ihren Vierbeiner da. Selbst wenn Ihr Hund gesund ist, sorgt der jährliche Besuch beim Tierarzt zur gründlichen Untersuchung für ein beruhigendes Gefühl. Und Sie erkennen mögliche Probleme, noch ehe diese in ein ernstes Stadium übergehen.
Ein Besuch beim Tierarzt verspricht für Ihr vierbeiniges Familienmitglied meistens nichts Gutes. Es ist in einer fremden Umgebung, die nach Desinfektionsmitteln und vielen anderen Tieren riecht, einer ungewissen Situation

Das sollte in Ihrer Notfallapotheke sein

Decke (zum Transport, bei Unterkühlung und Schock)
Cool-Pack (Behandlung von Hitzschlag, Schwellung, Prellung, Verstauchung)
Desinfektionsmittel (Wundspray, welches nicht brennt), Calendula-Essenz, Betaisodona-Lösung
Elastische Binden (10 cm und 15 cm)
Fieberthermometer
Klebeband zur Fixierung vom Verband (4 cm)
Mullbinden (10 cm)
Medikament gegen Durchfall (Fragen Sie Ihren Tierarzt)
Medikament gegen Reisekrankheit (Fragen Sie Ihren Tierarzt)
Pinzette
Sterile Wundkompressen
Selbsthaftende elastische Binden (6 cm und 10 cm)
Stumpfe Schere
Schutzhandschuhe
Taschenlampe
Verbandwatte
Zeckenzange

Ernährung und Pflege: alles, was der Hund braucht

ausgeliefert, ihm werden Schmerzen zugefügt und er fühlt sich in die Enge getrieben. Zwischenfälle mit anderen Hunden im Wartezimmer können durch ausreichend Abstand und eine Leine vermieden werden. Beschäftigen Sie sich mit Ihrem Hund, denn hat er seine Aufmerksamkeit auf Sie gerichtet, kann er sich nicht mit seinen Artgenossen beschäftigen. Bringen Sie doch einfach sein Lieblingsspielzeug mit zum Tierarzt.

Mit ein paar kleinen Tricks können Sie Ihrem Familienhund die Angst vor dem Tierarzt nehmen, damit Sie nach dem nächsten – notwendigen – Praxisbesuch nicht gleich selbst zum Neurologen müssen.

- Sie können Ihrem Jungtier schon zu Hause einen Tierarztbesuch vorgaukeln, indem Sie mit seinen Pfoten spielen, ihm die Lefzen hochziehen, ihm in den Ohren herumpulen, ihn auf einen Tisch heben oder den kleinen Körper mal auf die Seite rollen. Das Ganze sollte spielerisch, mit viel Spaß und Freude geschehen. Versüßen Sie ihm die Prozedur mit etwas Futter und angenehmen Streicheleinheiten.
- Den ersten Termin beim Tierarzt sollten Sie so früh wie möglich vereinbaren, wenn der Welpe noch keine negativen Erfahrungen gesammelt hat. Dieser Besuch sollte erst einmal ohne Behandlung sein, der Tierarzt kann den Kleinen abtasten, ihm ins Maul schauen und ihn belohnen. Das schafft Vertrauen von der ersten Stunde an. Je ruhiger Sie sind, desto cooler ist Ihr Familienhund – Aufregung ist ansteckend. Ein Termin beim Arzt sollte etwas ganz Normales sein.
- Hunde sind zwar nicht nachtragend. Aber nehmen Sie sich beim Tierarzt etwas zurück und überlassen Sie das Handling den Fachleuten. So wird Ihr vierbeiniges Familienmitglied nicht Sie mit dem negativ besetzten Erlebnis verbinden. Außerdem sind Sie als Halter sowieso viel zu zaghaft gegenüber Ihrem eigenen Tier.
- Auf keinen Fall sollten Sie Ihren – möglicherweise – verängstigten Hund trösten. Das verunsichert ihn. Hunde können Mitleid nicht ertragen. Sie empfinden das als Zeichen von Schwäche. Außerdem kann sich Ihr Familienhund durch Ihre gut gemeinte Zuwendung in seiner Unsicherheit bestätigt fühlen und die Lage als besonders bedrohlich empfinden. Wenn Ihr Hund Zicken macht, können Sie ihn ruhig mal anherrschen. Dann merkt er, Sie haben alles unter Kontrolle und nur er ist hier das Weichei. Auch das schafft Sicherheit.
- Hunde sind bestechlich. Wenn Sie Ihrem Liebling in dem Moment, in dem er gepiekst wird, eine leckere Paste vor die Schnauze halten, bekommt er von der Spritze überhaupt nichts mit.
- Bleibt Ihr vierbeiniges Familienmitglied störrisch und ängstlich, kann auch ein Termin außerhalb der Sprechstundenzeit Wunder wirken. Fragen Sie Ihren Tierarzt.

Routinebesuche

Routinebesuche beim Tierarzt sind entscheidend, um auch geringe Veränderungen des Gesundheitszustands Ihres vierbeinigen Familienmitglieds festzustellen. Im Idealfall sollten Hunde mindestens einmal jährlich zum Untersuchungstermin, ältere Hunde oder Tiere mit bestimmten medizinischen Bedürfnissen häufiger. Der regelmäßige Besuch beim Tierarzt ist enorm wichtig, wenn

Lassen Sie Ihren Hund im Sommer bitte nicht alleine im Auto. Er könnte kollabieren!

Was tun, wenn der Hund krank ist

Immer mehr Tierheilpraktiker bieten für Ihren Hund eine sanfte, chemielose Behandlung auf natürlicher Basis an. Probieren Sie es aus!

nach der Methode »Vorbeugung ist die beste Medizin« vorgegangen wird. Warten Sie also nicht erst, bis offensichtlich wird, dass Ihr Hund medizinische Hilfe benötigt.

Impfungen

Mit einem regelmäßigen Besuch Ihrer Tierarztpraxis können Sie am besten sicherstellen, dass Ihr Hund immer über einen entsprechenden Impfschutz verfügt. Impfungen helfen gegen Staupe, Leptospirose und Parvovirose. Fragen Sie Ihren Tierarzt nach den aktuellen Empfehlungen zu Schutzimpfungen gegen Bordatellen (lösen den »Zwingerhusten« aus), die möglicherweise wichtig werden, wenn Sie mit Ihrem Hund beabsichtigen zu reisen oder ihn vorübergehend in eine Hundepension geben wollen.

Flöhe, Zecken, Würmer

Sie sollten mit Ihrem Tierarzt auch das Thema Floh- und Zeckenkontrolle besprechen. Bedenken Sie, dass Flöhe oder zumindest deren Larven das ganze Jahr über bei Ihnen Zuhause oder im Garten überleben können. Der Tierarzt kann Ihnen auch bei der Feststellung von Bandwürmern helfen und Ihnen die beste Behandlungsart empfehlen. Bitte beachten Sie, dass Ihnen ein Tierheilpraktiker auch Alternativen zur chemischen Behandlung geben kann.

Zähne

Der Tierarzt wird auch die Zähne Ihres Hundes gründlich untersuchen, um festzustellen, ob eine Zahnreinigung notwendig ist. Zahnstein und die damit einhergehenden Zahnfleischentzündungen können einem Hund große Schwierigkeiten und starke Schmerzen bereiten. Übler Geruch aus dem Fang kann ein Zeichen dafür sein (siehe Seite 146).

Wie beim Menschen gilt auch hier beim Hund: Vorbeugen ist besser als aufwendige und teure Zahnbehandlungen. Lassen Sie die Zähne des Hundes zwei Mal im Jahr untersuchen und gegebenenfalls reinigen.

Ältere Hunde

Mit zunehmendem Alter Ihres Hundes können Sie mit Ihrem Tierarzt seine individuellen Bedürfnisse besprechen.

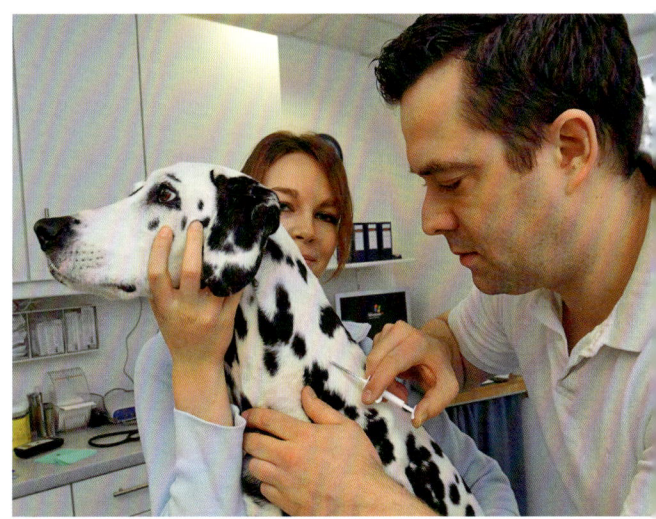

Eine Grundimmunisierung sollte bei allen Hunden vorgenommen werden.

Ernährung und Pflege: alles, was der Hund braucht

Ältere Hunde können an verschiedenen Problemen des Organsystems, an Arthrosen, an schwindendem Seh- oder Hörvermögen oder sogar an Gedächtnisschwund und Demenz leiden. Zum Glück lassen sich viele dieser gesundheitlichen Probleme inzwischen mit Medikamenten oder einfachen Veränderungen im Hundealltag beheben. Auch eine homöopathische Behandlung kann den Alterungsprozess positiv beeinflussen.

Naturheilkunde als Alternative

Naturheilkunde erweitert die Möglichkeiten der schulmedizinischen Medikation. Diese Art der Behandlung ist eine komplett andere Herangehensweise an gesundheitliche Probleme. Wo die Schulmedizin vorrangig symptomatisch ansetzt, arbeitet der Therapeut ganzheitlich. Es werden körperliche seelische und umfeldbedingte Einflüsse berücksichtigt.

Naturheilmittel helfen den Selbstheilungsprozess Ihres Familienhundes zu aktivieren. Es ist für den Organismus eine Hilfe zur Selbsthilfe. Zuerst wird die Ursache einer Krankheit ermittelt und nicht die Krankheit selbst. Eine naturheilkundliche Medikation aktiviert den Heilungsprozess von innen und diese Medizin stärkt das Immunsystem, belastet weder Leber noch Niere und ist in der Regel meist günstiger.

Wie jeder Hund kann auch Ihr vierbeiniges Familienmitglied mit Naturheilmitteln behandelt werden. Es ist absolut alters-, geschlechts- und rasseunabhängig. Natürlich kann ein notweniger chirurgischer Eingriff nicht ersetzt werden. Auch ein starker Parasitenbefall oder eine starke Lungenentzündung, sollten antibiotisch behandelt werden. Aber zur Stärkung des Immunsystems nach oder während so einer Behandlung, können biologische Medikamente helfen. Achtung: Ein homöopathisches Mittel kann zunächst eine Erstverschlimmerung verursachen. Auch eine Entgiftung regt den Organismus an und kann zunächst eine Verschlimmerung des Krankheitsbildes bewirken. Aus diesem Grund sollten Sie eine naturheilkundliche Behandlung Ihres Lieblings immer in Zusammenarbeit mit einem erfahrenen Therapeuten durchführen.

Die Naturheilkunde bietet dabei viele verschiedene Behandlungsverfahren an, wie beispielsweise die Homöopathie, die Akupunktur oder die Kräutertherapie. Eine naturheilkundliche Behandlung ist sanft und somit organschonend. Sie baut das Immunsystem auf und schwächt es nicht zusätzlich.

Homöopathische Mittel werden in der Regel nicht präventiv eingesetzt. Anders sieht es in der Kräutertherapie aus. Hier kann durchaus prophylaktisch, beispielsweise in Form einer Herbstkur mit bestimmten Kräutern (Brennnessel oder Löwenzahn), die Leber entlastet werden. Weiterhin kann durch Verwendung biologischer, antiparasitärer Mittel der Körper geschont werden. Chemische Floh- und Zeckenmittel hingegen beinhalten oft Nervengifte. Sogar eine Wurmkur kann heute auf naturheilkundlicher Basis erfolgen.

Auch die Homöopathie hat in der Tiermedizin Einzug gehalten. Sie ist eine gute Ergänzung und oft auch Alternative zur klassischen Schulmedizin.

Abschied nehmen in Würde

Es liegt in der Natur, dass Hunde nicht so lange leben wie ihre Besitzer. Und so kommt er unweigerlich – der Tag des Abschieds vom geliebten Vierbeiner. Wer einen Hund als Familienmitglied in sein Herz geschlossen hat, wird an diesem Tag von Schmerz und Trauer überwältigt werden.

Es ist ganz normal, dass wir uns von unseren Hunden gebührlich verabschieden. Und das nicht erst, seit der Hund zum Familienmitglied geworden ist. Bestattungsrituale haben eine lange Tradition. Der berühmte Hundefreund Friedrich der Große (1712–1786) bestattete seine »Windspiele« in speziell für sie angefertigten Särgen in einer Gruft nahe der Terrasse des Schlosses Sanssouci in Potsdam. In seinem Testament verfügte er, dass sein Leichnam in dieser Gruft beigesetzt werden sollte. Dieser letzte Wunsch sollte ihm erst im August 1991 erfüllt werden.

Feierliche Rituale helfen, den schmerzlichen Verlust zu lindern, das emotional tief greifende Erlebnis in Bahnen zu lenken und so den Tod des Tieres besser zu verkraften. Lassen Sie sich nicht beirren, eine Tierbestattung ist nicht abwegig oder albern. Alles andere scheint unwürdig. Wenn Kinder zu Ihrer Familie gehören, sollten Sie die Trauer um den verstorbenen Vierbeiner gemeinsam bewältigen. Dass ein Hund unweigerlich tot ist und nicht wiederkehrt, begreifen die meisten Kinder schon im Vorschulalter. Die Erwachsenen sollten ihre Trauer nicht vor den Kindern verbergen, sondern sie mit einbeziehen. Wichtig ist eine klare, einfache und kindgerechte Sprache. Vermeiden Sie nicht Worte wie »tot« oder »gestorben«. Kinder sind meistens nicht so gehemmt wie die Erwachsenen – lassen Sie also Ihren Nachwuchs die Trauer nach außen tragen. Basteln Sie mit den Kleinen ein kleines Kreuz, bemalen Sie einen Stein für das Grab, das lenkt ein wenig ab und macht den schmerzhaften Verlust etwas leichter.

Muss das Tier aufgrund von Krankheit oder Unfall eingeschläfert werden, ist das für alle ein sehr emotionaler Moment, der sehr belastend sein kann. Wichtig ist, dass Sie und Ihre Familienmitglieder sich vorher von Ihrem Hund verabschieden. Die Tierärzte sind für solche Situationen geschult und in den meisten Fällen sensibel genug, Ihnen dafür in der Tierarztpraxis ausreichend Zeit und räumliche Möglichkeiten zu geben. Der Tierarzt wird Ihnen und den Kindern versichern, dass er dem Hund keine Schmerzen zufügt, sondern ihn von seinem Leiden

Ein Tierfriedhof als letzte Ruhestätte für Ihr vierbeiniges Familienmitglied. So verabschieden Sie sich in Würde von Ihrem Hund.

erlöst. Vermeiden Sie das Wort »einschlafen«, sonst haben besonders jüngere Kinder Angst, selber »einzuschlafen« und nicht mehr aufzuwachen. Zwingen Sie Ihre Kinder nicht dazu, mit zum Tierarzt zu kommen.

Und vergessen Sie nicht: Egal für welche Art der Bestattung Sie sich später entscheiden: Der schönste und beste Platz für den verstorbenen Hund bleibt der Platz im Herzen und in der Erinnerung seiner Halter!

Bestattung im eigenen Garten

Viele Hundehalter möchten auch nach dem Tod ihr geliebtes Tier in ihrer Nähe wissen. Wer einen Garten hat, kann seinen Hund »eigenhändig« dort begraben, wo er es am schönsten oder passendsten findet, etwa am Lieblingsplatz des Hundes. Das ist die preiswerteste Variante für die letzte Ruhestätte. Erlaubt ist ein Grab im eigenen Garten, wenn das Grundstück nicht in einem Naturschutzgebiet und das Grab nicht an einem öffentlichen Weg oder an einer Straße liegt. Die Grube muss eine Tiefe von mindestens 50 Zentimetern haben. Denken Sie auch daran, was mit der Ruhestätte passieren soll, wenn Sie mal umziehen. Sie müssen Ihren »Nachmieter« darüber informieren und können dann das Grab auch nicht mehr besuchen.

Vor dem Hintergrund der BSE-Krise erließ die EU im Jahr 2002 eine verbindliche Richtlinie, nach der alle Tierkadaver in eine Tierkörperbeseitigungsanlage gebracht werden müssen. In Deutschland wurde diese Verordnung durch das »Tierische Nebenprodukt-Beseitigungsgesetz« vom 25.10.2004 in nationales Recht umgesetzt. Sowohl die EU-Verordnung als auch das deutsche Gesetz stellen es jedoch den Landesbehörden frei, das Vergraben von Haustieren unter Einhaltung der Naturschutzbestimmungen zu erlauben. Dazu bedarf es einer sogenannten Allgemeinverfügung, mit der eine Angelegenheit bis zu ihrem Widerruf geregelt wird. Im Allgemeinen orientieren sich die deutschen Behörden weiterhin an den früheren Vorgaben. Besteht die kommunale Erlaubnis nicht, kann das Vergraben von Tierkörpern als Ordnungswidrigkeit mit bis zu 15.000 € geahndet werden! Also informieren Sie sich unbedingt im Vorfeld!

Tierbestatter

Viele Hundehalter sind froh darüber, wenn ihnen in dieser traurigen Situation jemand zur Seite steht. Hier ist die Dienstleistung eines Tierbestatters hilfreich und tröstend. Er holt auf Wunsch den verstorbenen Hund von zu Hause oder aus der Tierklinik ab und transportiert ihn zum Krematorium oder zum Tierfriedhof. Viele Tierbestatter arbeiten mit solchen Institutionen zusammen oder besitzen selber welche. Der Tierbestatter bespricht und organisiert mit Ihnen die Zeremonie sowie die behördlichen Angelegenheiten. Entscheiden Sie sich für eine Feuerbestattung, können Sie bei ihm eine Urne aussuchen, die es in vielen unterschiedlichen Ausführungen und Materialien gibt (Ton, Keramik, Holz, Metall, Glas). Die Preise für eine einfache Urne beginnen bei 19 € und sind nach oben offen. Bei exklusiven Wünschen, speziellen Materialien oder Gravierungen kann so ein Gefäß schnell bis zu 300 € kosten.

Tierfriedhof

Überall in Deutschland gibt es mittlerweile Tierfriedhöfe, insgesamt sind es über 100 öffentliche oder private Anlagen. Die meisten liegen am Rande einer Stadt in idyllischer Umgebung oder gehören zu den örtlichen Tierheimen. Die Tierfriedhofverwalter bieten mehrere Möglichkeiten an, das Tier würdevoll und nach individuellen Wünschen zu bestatten. Es ist natürlich auch hier eine Frage des Geldes.

Am preiswertesten ist ein sogenanntes Sammelgrab unter einer schönen Blumenwiese. Hier wird der Körper Ihres Tieres gemeinsam mit anderen Artgenossen begraben oder seine Asche verstreut. Immer beliebter werden Erdbestattungen in Einzelgräbern. Entweder im Holzsarg oder in der Kuscheldecke – oft mit seinem Lieblingsspielzeug – findet der geliebte Vierbeiner hier seine letzte

Abschied nehmen in Würde

Ruhe. Das Grab kann individuell gestaltet und gepflegt werden. Auf Wunsch übernimmt diese Arbeit auch der Friedhofsbetreiber. In der Regel liegt die Nutzungsdauer bei zwei Jahren, kann aber oft gegen eine Gebühr verlängert werden.

Einäscherung

Bei der Einzeleinäscherung wird Ihr Tier allein verbrannt. Am Ende bleibt ausschließlich die Asche Ihres Tieres übrig. Diese können Sie in einem einfachen Behälter oder in einer von Ihnen gewählten Urne aufbewahren. In vielen Tierkrematorien gibt es einen eigens für den Abschied hergerichteten Abschiedsraum, in dem Sie sich in Ruhe von Ihrem Tier verabschieden können. Bei der Sammeleinäscherung findet die Verbrennung zusammen mit anderen Haustieren statt. Die Asche wird auf dem Gelände des Krematoriums auf einer extra angelegten Fläche, meist einer Blumenwiese, verstreut. Sie bekommen dann eine Urkunde mit dem Namen des Tieres und dem Einäscherungsdatum zugeschickt.

Kosten für die Beerdigung auf einem Friedhof

Auf jedem Friedhof können Sie Ihren Liebling in einem Wiesengrab (anonyme Bestattung) beisetzen.

Kleintier: ca. 160 €
Großes Tier: ca. 175 €
Sehr großes Tier: ca. 210 €

Reihengräber

(für jedes Tier gibt es ein einzelnes Grab)
Kleintier: Beisetzung und 2 Jahre Liegezeit
ca. 200–400 € (Verlängerung möglich).
Großes Tier: Beisetzung und 2 Jahre Liegezeit
ca. 450–800 € (Verlängerung möglich).

Auch Kinder trauern um ihre verstorbenen vierbeinigen Freunde. Lassen Sie das bitte zu und geben Sie Ihren Kindern eine Aufgabe. So können sie ihre Trauer am besten bewältigen.

Test 1

Test 1: Welcher Hund passt zu mir und meiner Familie?

Zu Beginn unseres Ratgebers hatten wir Sie ja bereits darauf hingewiesen, dass Sie für sich klären sollten, was Sie von einem neuen vierbeinigen Familienmitglied erwarten und was das Tier von Ihnen erwarten kann – und das natürlich möglichst, bevor Sie sich einen Hund anschaffen. Sind Sie gut vorbereitet, können Sie sich viel besser auf den Hund einstellen. Wenn Sie sich noch nicht sicher sind, lesen Sie bitte noch mal unser Kapitel »Welcher Hund passt zu mir?« ab Seite 19 durch und studieren Sie die Rasseporträts. Da wird bestimmt ein passender Hund für Sie dabei sein!

Ein Hund für die ganze Familie. Nur welcher ist der Richtige? Wer die Wahl hat, hat die Qual.

In unserem ersten Test haben wir zehn unterschiedliche »Menschentypen« sowie deren familiäre Situationen aufgelistet und jeweils eine Auswahl von Hunderassen dazugestellt. Kreuzen Sie bitte die Hunderasse an, von der Sie überzeugt sind, dass sie zu Ihnen und zu Ihrer augenblicklichen Situation passt. Natürlich gibt es sehr viele »ähnliche« Hunderassen, die ungefähr die gleichen Bedürfnisse erfüllen können. Deshalb haben wir bei den Lösungen auch immer Alternativen aufgezählt. Unsere Vorschläge finden Sie ab Seite 160.

1 | Ich bin sehr sportlich, kein anderer in der Familie kann mithalten. Ich brauche einen Partner, der mit mir das Sportprogramm voll durchzieht, ohne zu murren oder zu knurren, der an meiner Seite schwitzt und nicht zwischendurch auf Entenjagd geht. Der Hund sollte elegant aussehen, nicht zu klein, aber auch nicht zu groß sein.
Ihre Antwort:
☐ Langhaardackel   ☐ Podenco   ☐ Leonberger
☐ Bobtail

2 | Wir haben ein Baby bekommen. Aber wir haben schon immer Hunde geliebt. Deshalb würden wir uns auch wieder einen anschaffen wollen. Der muss aber total lieb sein und besonders mit kleinen Kindern können. Er

Welcher Hund passt zu mir und meiner Familie?

muss völlig stressresistent sein und auch mal hinten anstehen können, wenn wir keine Zeit für ihn haben.

Ihre Antwort:
☐ Pudel ☐ Französiche Bulldogge ☐ Rottweiler
☐ Dalmatiner

3 | Unsere Kinder liegen uns ständig in den Ohren, dass sie unbedingt einen Hund haben wollen. Ich persönlich bin eigentlich gar kein großer Hundefan, glaube aber, dass ein Hund für meine Kinder ganz gut ist. Ich brauche deshalb einen richtigen Anfängerhund, der sehr leicht zu handhaben ist, aber auch ein dickes Fell hat. Vielleicht werde ich ja dann auch noch ein Hundefreund.

Ihre Antwort:
☐ Prager Rattler ☐ Beagle ☐ Cairn Terrier
☐ Pinscher

4 | Ich bin so mehr der coole Typ, der jemanden braucht, dem er mal gegen die Brust boxen kann, ohne dass er gleich anfängt zu winseln. Ich wünsche mir einen Vierbeiner, mit dem man nach Herzenslust raufen kann. Einen richtig robusten Kumpel. Er sollte aber auch vom Aussehen schon was hermachen.

Ihre Antwort:
☐ Neufundländer ☐ Eurasier ☐ Boxer
☐ Bernhardiner

5 | Unsere Kinder müssen endlich lernen, Verantwortung zu übernehmen. Alt genug sind sie. Da ist ein Hund doch genau das Richtige. Der Hund sollte ruhig anspruchsvoll sein, aber trotzdem umgänglich. Er müsste natürlich auch verzeihen können.

Ihre Antwort:
☐ Berner Sennenhund ☐ Deutsch Kurzhaar
☐ English Bulldog ☐ Eurasier

6 | Wir sind eine ganz tolle Familie. Nur eins fehlt uns noch zum Glück: ein Hund. Ein Hund für unsere Kinder zum Tollen und Toben, ein Hund für Frauchen zum Verwöhnen und ein Hund, mit dem Herrchen auf Tour gehen kann. Nicht zu groß, aber auch nicht zu klein, eben ein Hund für alle Altersklassen.

Ihre Antwort:
☐ Akita ☐ Deutsch Kurzhaar
☐ Norwegischer Buhund ☐ Labrador/Retriever

7 | Jubel, Trubel, Heiterkeit. Endlich sind die Kinder aus dem Haus. Aber irgendwie ist es um uns so leer geworden. Jetzt fehlt jemand, den wir betüddeln können, der wieder Leben in die Bude bringt. Aber bitte keine Lebensaufgabe mehr. Irgendwas Einfaches wäre prima, an dem wir nicht mehr so viel herumerziehen müssen. Er sollte gewichtsmäßig und von der Größe her schon der Schwergewichtsklasse angehören.

Ihre Antwort:
☐ Dobermann ☐ Irish Wolfhound
☐ Berner Sennenhund ☐ Hovawart

8 | Unser Kind hockt nur vor dem Computer und will auch nur selten mit anderen Kindern spielen. Ich glaube, ein Hund wäre eine tolle Alternative, ein Hund würde unser Kind wieder aktivieren können. Es müsste aber ein total freundlicher Hund sein, der nicht zu aufdringlich und sehr pflegeleicht ist. Wir wollen unser Kind ja nicht gleich überfordern.

Ihre Antwort:
☐ Basenji ☐ Irish Red Setter ☐ Yorkshire Terrier
☐ Jack Russell Terrier

9 | Ich habe überhaupt keine Ahnung von Hunden, aber alle anderen meinen, ein Vierbeiner würde mir gut tun. Na gut, von mir aus. Aber ich brauche was ganz Einfaches. Einen Hund für Anfänger, der mir schon mal den einen oder anderen Fehler verzeiht. Er sollte aber auf jeden Fall zum kleineren Kaliber gehören.

Ihre Antwort:
☐ Chihuahua ☐ Pekinese ☐ Kaninchenteckel
☐ Mops

Test 1

Ein Hund in der Familie sollte Ihren Bedürfnissen gerecht werden, aber er muss natürlich auch seine eigenen Bedürfnisse ausleben. Dann steht einer harmonischen Beziehung nichts mehr im Wege.

10 | Unser Kind hat Angst vor Hunden. Wir glauben, dass wir ihm am besten die Angst nehmen, wenn wir uns einen kleinen, jungen Hund anschaffen. Vor einem Welpen haben Kinder ja nie Angst. Der Hund muss aber auch später noch kuschelig und fröhlich sein und darf auch nicht zu groß werden.

Ihre Antwort:
☐ Havaneser ☐ Border Collie ☐ Golden Retriever
☐ Beagle

Erläuterung zu 1:

Ihre Wahl sollte auf Schäferhundrassen fallen, die bei engem Familienanschluss als ruhig und ausgeglichen gelten. Sie gelten als treue Begleiter für aktive Menschen sind auch als Sporthunde im Einsatz, da sie eine gute Kondition haben. Sie sind zudem leicht erziehbar und passen sich dem Menschen hervorragend an.

Empfohlene Rassen:
▌ Bobtail (bis 65 cm)

Alternativen:
▌ Perro de Pastor Catalan (bis 55 cm)
▌ Berger de Picardie (bis 65 cm)
▌ Deutscher Schäferhund (bis 65 cm)

Erläuterung zu 2:

Sie sollten sich für Hunderassen entscheiden, die sich durch ein fröhliches, lebendiges Wesen auszeichnen und zudem keinen übertriebenen Bewegungsdrang besitzen. Sogenannte Gesellschaftshunde sind mit sozialer Intelligenz ausgestattet und eignen sich in Ihrem Fall ganz besonders, da sie eine enorme Anpassungsfähigkeit besitzen.

Empfohlene Rassen:
▌ Französische Bulldogge (bis 35 cm)

Welcher Hund passt zu mir und meiner Familie?

Alternativen:
- Malteser (bis 25 cm)
- Mops (bis 30 cm)
- Kromfohrländer (bis 45 cm)

Erläuterung zu 3:

Sie benötigen eine gutartige, anhängliche und spielfreudige Hunderasse. Der Hund sollte nicht viel Fellpflege bedürfen und ein Spielkamerad für die Kinder sein. Ihr Hund sollte deshalb eine gute Aufmerksamkeitsgabe besitzen und die Lust auf abwechslungsreiche Beschäftigung.

Empfohlene Rassen:
- Beagle (bis 40 cm)

Alternativen:
- Mops (bis 30 cm)
- Boston Terrier (bis 40 cm)
- Deutscher Pinscher (bis 50 cm)

Erläuterung zu 4:

Für diese Bedürfnisse eigenen sich Hunderassen, die bereits aufgrund ihres Erscheinungsbildes nicht nur kräftig wirken. Mollossoide sind doggenartige Hunde, welche nicht besonders lauffreudig sind und sich eher mit ruhig verlaufenden Spaziergängen zufrieden geben. Sie besitzen eine ausgeglichene Wesensart, stehen Fremden gleichgültig und Kindern freundlich gegenüber. Aufgrund ihrer Größe und Kraft gehören sie allerdings in verantwortungsvolle Hände. Kinder sollten nicht allein mit ihnen spazieren gehen.

Empfohlene Rassen:
- Bernhardiner (bis 90 cm)

Alternativen:
- English Bulldog (bis 35 cm)
- Bordeaux-Dogge (bis 68 cm)
- Deutsche Dogge (bis 80 cm)

Sport, Spiel, Spannung mit dem Vierbeiner. Überlegen Sie sich bitte vorher rechtzeitig, was Sie mit Ihrem Hund alles anstellen wollen. Denn nur ein passender Hund ist ein guter Hund.

Test 1

Erläuterung zu 5:
Für Sie fällt die Wahl auf sehr lebendige, vitale Hunde. Die stundenlange Spaziergänge mögen und sich in der Familie sehr anpassungsfähig zeigen. Ihr Hund sollte leicht erziehbar sein und eine hohe Geduld im Umgang mit Kindern aufweisen. Dazu sollte Ihre Hunderasse freundlich und sehr verspielt sein.

Empfohlene Rassen:
- Berner Sennenhund (bis 70 cm)

Alternativen:
- Dalmatiner (bis 60 cm)
- Collie (bis 61 cm)
- Boxer (bis 63 cm)

Erläuterung zu 6:
Was Ihre Familie benötigt, ist ein Vielseitigkeitstalent, ein Allrounder. Eine lebhafte und leicht erziehbare Hunderasse, die menschenfreundlich und anhänglich und auch mit Kindern verträglich ist. Sie sollte die Beschäftigung lieben und bewegungsfreudig sein und nicht anfällig für rassespezifischen Erkrankungen sein.

Empfohlene Rassen:
- Labrador (bis 62 cm)

Alternativen:
- Beagle (bis 40 cm)
- Buhund (bis 47 cm)
- Hovawart (bis 70 cm)

Erläuterung zu 7:
Für Ihre Ansprüche sind mittelgroße Rassen geeignet, die einen gutartigen Charakter besitzen und somit leicht zu erziehen sind. Lebendige Hunde, die eben nicht nur faul herum liegen wollen, aber auch nicht nervös wirken. Sie benötigen eine Hunderasse mit ausgeprägtem Selbstbewusstsein.

Empfohlene Rassen:
- Akita (bis 67 cm)

Alternativen:
- Entlebucher Sennenhund (bis 50 cm)
- Appenzeller Sennenhund (bis 56 cm)
- Deutscher Boxer (bis 63 cm)

Erläuterung zu 8:
Für Sie wäre eine lebendige und fröhlich wirkende Hunderasse das Richtige, die sehr verspielt ist. Ihr Hund sollte sich vielleicht auch gut zum Hundesport wie Agility

Der Labrador-Retriever gehört zu den beliebtesten Familienhund-Rassen, besitzt aber oft einen Jagdtrieb.

Welcher Hund passt zu mir und meiner Familie?

eignen, aber nicht unbedingt danach verlangen. Seine Aufgabe ist es schließlich, zu reanimieren und nicht zu überfordern. Am besten passt zu Ihnen eine aufgeschlossener Wesensart, ein Hund der sich leicht erziehen lässt.

Empfohlene Rassen:
- Irish Red Setter (bis 67 cm)

Alternativen:
- Cocker Spaniel (bis 40 cm)
- Collie (bis 61 cm)
- Gordon Setter (bis 66 cm)

Erläuterung zu 9:

Sie sollten sich für eine sogenannte Schoßhund- oder Begleithunderasse entscheiden, die problemlos zu erziehen sind und den Ruf eines handlichen Familienhundes haben. Ihre Hunderasse sollte sich Ihren Lebensumständen schnell anpassen können, ein freundliches Wesen besitzen und auch keine besondere Fellpflege benötigen.

Empfohlene Rassen:
- Mops (bis 35 cm)

Alternativen:
- Havaneser (bis 25 cm)
- Französische Bulldogge (bis 30 cm)
- Kromfohrländer (bis 45 cm)

Erläuterung zu 10:

Sie benötigen einen sehr anhänglichen und gutmütigen Hundecharakter. Er sollte Beschäftigung und ausgedehnte lange Spaziergänge mögen, das Wasser lieben und auch gerne apportieren. Ihr Hund sollte einfach immer und überall dabei sein wollen. Ein Hundewesen, das gefallen möchte sowie zum Austausch anregt und Ihr Kind animiert. Dafür sind zunächst alle Hunderasse prädestiniert, die man zu den Wasserhunden zählt.

Empfohlene Rassen:
- Golden Retriever (bis 61 cm)

Alternativen:
- American Water Spaniel (bis 46 cm)
- Irish Soft Coated Wheaten Terrier (bis 48 cm)
- Königspudel (bis 58 cm)

Zum Knuddeln komisch: der Mops. Aber so klein diese Hunderasse auch ist – ein Schoßhund ist der Mops beileibe nicht. Eher ein fröhlicher Frechdachs, der in fast jede Tasche passt.

Test 2: Bin ich ein guter Rudelführer?

Als Hundehalter sind Sie von Natur aus Rudelführer, weil Sie für Ihr vierbeiniges Familienmitglied eine schier unerschöpfliche Futterquelle sind, weil Sie Ihren Hund vor Gefahren schützen können und für Ihren Liebling immer ein gemütliches, warmes Schlafplätzchen parat haben.

Aber damit ist es nicht getan, wie Sie in unserem Ratgeber – hoffentlich – gelernt haben. Haben Sie Lust, sich an dieser Stelle noch einmal einem Test zu unterziehen? Wir stellen Ihnen 20 Fragen. Sie müssen sich entscheiden. Stimmen Sie den Aussagen zu oder nicht? Die Auflösung finden Sie ab Seite 167. Aber bitte nicht schummeln, Ihr Hund durchschaut Sie so oder so!

Aussage 1

Wer ist schon immer konsequent? Und warum sollen Hunde nicht ihre Erfahrungen sammeln dürfen? Ich treffe eher situationsabhängige Kompromisse mit unserem Hund.

☐ Stimme zu   ☐ Stimme nicht zu

Aussage 2

Man sollte auch mal fünf gerade sein lassen und bei einem falschen Verhalten des Hundes nicht immer gleich ausflippen. In der Ruhe liegt bekanntlich die Kraft. Ich bestärke lieber richtiges Verhalten positiv! Ich bin der Meinung, je weniger ich unseren Hund bestrafe, umso effektiver ist eine Grenzsetzung, wenn es wirklich wichtig ist!

☐ Stimme zu   ☐ Stimme nicht zu

Aussage 3

Es ist doch besser, ein Fehlverhalten frühzeitig zu bestrafen, bevor unser Hund dahinter kommt, dass meine Sachen angeknabbert werden können. Also lege ich meinen Hund ganz einfach und schnell auf den Rücken oder packe ihn kurz am Nackenfell. Damit zeige ich ihm: Alles unter Kontrolle!

☐ Stimme zu   ☐ Stimme nicht zu

Aussage 4

Wir leben miteinander, ich bin kein Diktator! Der Hund von heute ist mein Partner und ich lebe mit ihm deshalb in einer Partnerschaft. Wenn er das Sofa nutzt, bleibt mir auch der Sessel und umgekehrt.

☐ Stimme zu   ☐ Stimme nicht zu

Aussage 5

Im Grunde unterscheidet sich ein Rudelführer nicht sonderlich von dem Chef einer großen Firma. Er hat das Sagen und weist an! Mein Hund hat nur das zu tun, was

Schäferhunde sind tolle Familienhunde. Aber sie benötigen eine souveräne Führung.

Bin ich ein guter Rudelführer?

ich ihm gestatte. Wo kommen wir denn hin, wenn Hunde beginnen würden, ihre Bedürfnisse frei auszuleben. Aus diesem Grund kommt es schließlich immer wieder zu Beißunfällen!

☐ Stimme zu ☐ Stimme nicht zu

Aussage 6

Wenn unser Hund auch nur einmal unser Kind anknurrt, ist Schluss mit lustig. Dann muss der Hund sofort ins Tierheim. Denn wenn der Hund anfängt zu knurren, ist es mit einer Beißerei nicht mehr weit. Das dürfen wir nicht zulassen.

☐ Stimme zu ☐ Stimme nicht zu

Aussage 7

Ich brauche keine Kommandos! Mein Hund folgt mir von selbst! Soll er sich doch hinsetzen wie und wann er will.

☐ Stimme zu ☐ Stimme nicht zu

Aussage 8

Wir finden es wichtig, dass unser Kind bei der Erziehung, Pflege und Fütterung des Hundes mit einbezogen wird. Das stärkt die Bindung und beide haben ihren Spaß dabei.

☐ Stimme zu ☐ Stimme nicht zu

Aussage 9

Der Platz des Hundes ist nicht auf meinem Sofa und schon gar nicht im Bett. Erwische ich meinen Hund auf meinem Platz, mache ich ihm deutlich, dass er sich dieses Verhalten nicht angewöhnen sollte. Hier geht es schließlich um Rangordnung. Der Rudelführer beansprucht stets die besten Plätze.

☐ Stimme zu ☐ Stimme nicht zu

Aussage 10

Wenn mein Hund mir zeigt, dass er Hunger hat, bekommt er natürlich etwas zu fressen. Schließlich hole ich mir auch was aus dem Kühlschrank, wenn ich Appetit habe.

☐ Stimme zu ☐ Stimme nicht zu

Aussage 11

Ich fände es zwar auch gut, wenn mein Hund besser hören würde. Im Grunde genommen finde ich es aber sympathisch, dass er seinen eigenen Kopf hat. Soll der Hund doch einfach Hund sein, denn auch ich liebe meine Freiräume. Da ist er mir doch sehr ähnlich und deshalb passen wir so gut zusammen.

☐ Stimme zu ☐ Stimme nicht zu

Aussage 12

Wenn ich unseren Hund von der Leine nehme, darf er machen, was er will. So viel Freiheit muss ich ihm schon lassen. Er soll sich ja bei mir wohlfühlen. Hunde sollen doch nicht in Gefangenschaft leben.

☐ Stimme zu ☐ Stimme nicht zu

Aussage 13

Wenn wir Besuch bekommen, freut sich mein Hund mit uns mit. Deshalb rennt er auch als Erster zur Tür und begrüßt die Gäste überschwänglich. Einige Freunde von uns finden das zwar nicht gut, aber bei uns ist ein Hund ein gleichberechtigtes Mitglied.

☐ Stimme zu ☐ Stimme nicht zu

Darf ein Rudelführer mit seinem vierbeinigen Freund kuscheln? Testen Sie sich!

Test 2

Wer führt hier und wer »rennt« hinterher? Ein Hund benötigt klare Anweisungen.

Aussage 14
Unser Familienhund ist mal wieder ausgebüxt. Über eine halbe Stunde habe ich nach ihm gesucht. Ich bin wirklich stinksauer geworden. Aber als er dann endlich wieder zurückgekommen ist, habe ich ihn gestreichelt und ein paar Leckerlis gegeben. Man sollte eben nicht nachtragend sein.

☐ Stimme zu ☐ Stimme nicht zu

Aussage 15
Hunde können von Natur aus schwimmen. Einfach ins Wasser werfen und gut ist. Die paddeln dann schon von ganz alleine wieder ans Ufer. Wenn sie merken, dass sie schwimmen können, kommt der Spaß von ganz alleine.

☐ Stimme zu ☐ Stimme nicht zu

Aussage 16
Unser Hund ist wirklich das liebste Wesen auf der Welt. Er kann besonders gut mit kleinen Kindern, er ist eben total verspielt. Aber trotzdem lasse ich ihn niemals mit unserem Baby alleine. Hunde sind Hunde, da kann immer mal etwas Unvorhergesehenes passieren.

☐ Stimme zu ☐ Stimme nicht zu

Aussage 17
Wenn mein Hund am Tisch bettelt, muss er wenigstens Sitz ausführen, dann kann ich ihm eine Kleinigkeit abgeben. Er soll ja nicht leben wie ein Hund.

☐ Stimme zu ☐ Stimme nicht zu

Aussage 18
Wenn ich nach Hause komme und mein Hund springt mich an, dann kann ich wirklich sauer werden. Ich schimpfe mit ihm laut und eindringlich. Wenn er merkt, dass ich sauer bin, wird er sein Verhalten ändern.

☐ Stimme zu ☐ Stimme nicht zu

Aussage 19
Bei uns gibt es kein Dominanzproblem, denn unser Hund weiß ja, von wem er sein Futter erhält. Und da die Futtergabe von allen Familienmitgliedern erfolgt, werden auch alle von ihm als ranghöher eingestuft.

☐ Stimme zu ☐ Stimme nicht zu

Aussage 20
Mein Hund muss seine Grenzen kennen und respektieren, sollte aber auch Freiräume erhalten. Sofern er sich innerhalb der durch mich gesetzten Grenzen bewegt, muss er auch Hund sein dürfen. Stupiden Gehorsam lehne ich ab.

☐ Stimme zu ☐ Stimme nicht zu

Bin ich ein guter Rudelführer?

Ihre Punkte

Aussage 1

Stimme zu: [0] Punkte   Stimme nicht zu: [1] Punkt
Begründung: Eine wichtige Eigenschaft des Rudelführers ist die Konsequenz. Eine einmal getroffene Entscheidung ist nicht mehr verhandelbar. Menschen neigen gern dazu, situationsabhängige Kompromisse zu machen. Hunde dagegen sehen solche Eingeständnisse eher als Schwäche an. Mit einem Rudelführer diskutiert man nicht und was er sagt, ist Gesetz.

Aussage 2

Stimme zu: [0] Punkte   Stimme nicht zu: [1] Punkt
Begründung: Die wohl wichtigste Eigenschaft, die Sie als Mensch übernehmen und verinnerlichen müssen, ist die absolute Souveränität des »Alphatiers«. Sie als Rudelführer agieren und reagieren niemals panisch, ängstlich oder hektisch. Egal, was passiert, das »Alphatier« ist zwar blitzschnell wenn nötig, aber es bleibt dabei trotzdem gelassen.

Aussage 3

Stimme zu: [0] Punkte   Stimme nicht zu: [1] Punkt
Begründung: Ihre Verhaltensweisen können für einen Hund Todesdrohung darstellen. Sie sollten sich gut überlegen, ob oder für welches Vergehen welche Strafe eingesetzt wird. Im Normalfall ist diese Bestrafung nicht notwendig! Der Hund wird eher handscheu aufgrund direkter Einwirkungen und verliert somit das Vertrauen zu Ihnen.

Aussage 4

Stimme zu: [0] Punkte   Stimme nicht zu: [1] Punkt
Begründung: Sie als »Alphatier« dürfen als Einziger jederzeit jeden Ort begehen, auch wenn dieser gerade von anderen Rudelmitgliedern besetzt ist. Wenn ein Rudelführer den Weg eines anderen Hundes kreuzt, wird dieser ihm ausweichen, selbst dann, wenn er dort gerade in bequemster Schlafstellung liegt. Somit sollten Sie niemals einfach über Ihr vierbeiniges Familienmitglied hinwegsteigen oder gar um ihn herumgehen, wenn dieser mal im Weg liegen sollte. Fordern Sie hingegen stets, dass er aufsteht und Ihnen willig Platz macht.

Aussage 5

Stimme zu: [0] Punkte   Stimme nicht zu: [1] Punkt
Begründung: Im Gegensatz zu uns Menschen, die wir unseren Chef zwar respektieren, aber oft sein Verhalten nicht sonderlich sympathisch finden, soll uns unser Hund nicht nur respektieren, sondern förmlich anhimmeln. Das funktioniert nicht über eine dominante Führung, sondern durch ein beispielhaftes Vorleben. Dabei ist die Schaffung von Vertrauen oberstes Gebot. Nur wenn wir für unseren Hund planbar und fair handeln, kann sich diese Partnerschaft auch so gestalten.

Aussage 6

Stimme zu: [0] Punkte   Stimme nicht zu: [1] Punkt
Begründung: Als souveräner Rudelführer sollten Sie ruhig bleiben und die Situation richtig beurteilen. Analysieren Sie die Ursache und handeln Sie lieber, bevor bestimmte Reaktionen des Hundes erfolgen. Knurren ist zunächst ein kommunikatives Signal des Hundes, das zeigt, dass er etwas nicht möchte oder eben etwas beansprucht. Auch ein Kind muss lernen, den Hund zu respektieren und seine Wünsche und Ressourcen zu akzeptieren.

Aussage 7

Stimme zu: [0] Punkte   Stimme nicht zu: [1] Punkt
Begründung: Viele Hundebesitzer neigen dazu, auch ein »Platz« des Hundes zu akzeptieren, wenn sie ein »Sitz« als Kommando gegeben haben. In den Augen des Hundes aber sind Sie als Chef eine Niete, wenn Sie auf diesem »Sitz« nicht bestehen. Denn Ihr Hund wird daraus schließen, dass Ihnen anscheinend egal ist, was Sie sagen. Er kann also weiterhin machen, wozu er gerade Lust hat.

Test 2

Ein Hund braucht Führung. Das kann und sollte immer wieder trainiert werden. Beziehen Sie Ihren Nachwuchs in der Erziehung mit ein, so gibt es innerhalb des »Familienrudels« keine Krise.

Aussage 8

Stimme zu: [0] Punkte   Stimme nicht zu: [1] Punkt
Begründung: So ist es richtig! Hunde sind Rudeltiere, deshalb entsteht die soziale Bindung zu allen Familienmitgliedern gleichzeitig. Sie als Rudelführer stellen allerdings das Reglement für Spiel, Futter und Pflege auf und geben die Zeiten vor. Kinder und Hunde agieren und reagieren oft unvorhersehbar, die Kontrolle dieser Beziehung »auf gleicher Augenhöhe« liegt deshalb bei den Eltern.

Aussage 9

Stimme zu: [0] Punkte   Stimme nicht zu: [1] Punkt
Begründung: Es geht nicht um einen »erhöhten Platz« für den Chef. Es kommt vielmehr darauf an, dass Ihnen Ihr Hund auf der Couch Platz macht, sofern Sie dort sitzen möchten. Aber Sie müssen deshalb nicht zwangsläufig immer alleine auf Ihrem Platz liegen. Eine Hundemeute kuschelt sich auch sehr gerne zusammen, warum also nicht mal die ganze Familie.

Aussage 10

Stimme zu: [0] Punkte   Stimme nicht zu: [1] Punkt
Begründung: Sie als Rudelführer dürfen sich nicht von Ihrem Familienhund animieren lassen, Futter herbeizuschaffen. Sie tolerieren ihn als Rudelmitglied, aber Sie sind nicht sein Kellner. Aus der Sicht Ihres Hundes, würden Sie nämlich bereitwillig einen Teil seiner Beute abgeben. Das hebt den Status Ihres Hundes und senkt Ihren.

Aussage 11

Stimme zu: [0] Punkte   Stimme nicht zu: [1] Punkt
Begründung: Als Hundehalter tragen Sie die Verantwortung für das Verhalten Ihres Tieres. Ihr Hund lebt in einer Umwelt, die nicht unbedingt auf ihn ausgerichtet ist. So kann es zu Fehlverhalten kommen, da Ihr Hund vielleicht arttypisch, aber aus menschlichen Gesichtspunkten nicht verhältnismäßig auf etwas reagiert. Ihr Hund benötigt Sie als Rudelführer zu seiner Orientierung. Nur dann ist er in der Lage, mit Stressreizen umzugehen.

Aussage 12

Stimme zu: [0] Punkte   Stimme nicht zu: [1] Punkt
Begründung: Konsequentes und souveränes Handeln sollten Sie nicht mit Strenge verwechseln. Hunde leben nicht in einer Demokratie, sondern benötigen klare Regeln und nachvollziehbare Strukturen. Nur so können sie sich in menschlicher Umgebung zurechtfinden. Wenn sich Ihr Hund nicht nach Ihnen orientieren kann, macht er Fehler, und diese können anderen schaden.

Bin ich ein guter Rudelführer?

Aussage 13

Stimme zu: **0** Punkte   Stimme nicht zu: **1** Punkt

Begründung: Ihr Hund darf sich freuen, aber nicht Abläufe bestimmen. Hunde unter sich reglementieren sich und grenzen ein. Wenn Ihr Hund die Handlung bestimmt, haben Sie nichts mehr zu sagen. Geben Sie ihm deshalb einen klaren Ablauf. Ein Rudelführer bestimmt das Geschehen und lässt sich nicht die »Butter vom Brot nehmen«.

Aussage 14

Stimme zu: **0** Punkte   Stimme nicht zu: **1** Punkt

Begründung: So ist es richtig! Ihr Hund lebt in der Jetztzeit. Er kann nur die aktuellen Geschehnisse bewerten. Mit nachtragendem Verhalten kann er nicht sonderlich viel anfangen, da er Gesamtzusammenhänge nicht mehr erkennt. Seine Rückkehr müssen Sie also immer positiv bewerten.

Aussage 15

Stimme zu: **0** Punkte   Stimme nicht zu: **1** Punkt

Begründung: Hunde können schwimmen, nur wissen sie es nicht immer. Sie schwimmen auch nicht unbedingt, weil sie baden wollen. Damit ein Hund Energie verbraucht, benötigt er ein Motiv. Wenn Sie also möchten, dass Ihr Hund Spaß am Schwimmen hat, sollte er dieses mit etwas Positivem verbinden. Dazu gehört kein »Sprung ins kalte Wasser«! Der gehört eher in die Kategorie »Überlebenskampf«.

Aussage 16

Stimme zu: **0** Punkte   Stimme nicht zu: **1** Punkt

Begründung: Aggressionen sind zunächst Signale in der Hundesprache, die Ihr Vierbeiner einsetzt, um etwas zu erhalten oder etwas zu entgehen. Kinder können diese Signale nicht deuten und provozieren dadurch Übergriffe. Das kann verheerende Folgen haben, denn der liebste Hund kann dem Kleinkind schmerzhaft Grenzen setzen, wenn ein Ausweichen nicht möglich ist.

Aussage 17

Stimme zu: **0** Punkte   Stimme nicht zu: **1** Punkt

Begründung: Sie als Rudelführer geben natürlich nichts von Ihrer Beute ab, Sie überlassen Ihrem Hund höchstens mal einen Rest. Wenn Ihr Hund bettelt, fordert er etwas ein. Kommen Sie dieser Forderung nach, verlieren Sie Ihre Stellung als Rudelführer. Denn Ihr Hund lernt, dass Betteln zum erfolgreichen Nahrungserwerb gehört und wird das Verhalten gegebenenfalls verstärken.

Aussage 18

Stimme zu: **0** Punkte   Stimme nicht zu: **1** Punkt

Begründung: Ihr Hund handelt situativ und aus ganz bestimmten Motiven. Wenn sein Ziel ist, Ihre Aufmerksamkeit zu gewinnen, dann ist ihm Ihre Stimmung nicht wichtig. Wenn Sie Verhaltensweisen ihres Hundes als unangenehm empfinden und als unerwünscht definieren, zeigen Sie dem Hund auch deutlich Grenzen auf, denn auf sein Mitgefühl können Sie nicht hoffen.

Aussage 19

Stimme zu: **0** Punkte   Stimme nicht zu: **1** Punkt

Begründung: Rudelführung hat nichts mit Futterverteilung zu tun. Ein Rudelführer zeichnet sich durch viele kleine Gesten im täglichen Miteinander aus. Der Futtergeber ist lediglich ein Lieferant. Um aus der Sicht des Hundes in eine Führungsrolle gestellt zu werden, ist also mehr nötig, als das Fressen zu servieren.

Aussage 20

Stimme zu: **1** Punkt   Stimme nicht zu: **0** Punkte

Begründung: Ihre persönliche Ausgeglichenheit überträgt sich auf Ihr vierbeiniges Familienmitglied. Sie legen ihm feste Strukturen vor, denen er nur zu gerne folgt, weil es für ihn von Vorteil ist. Ihr Hund vertraut Ihnen, weil er sich unter Ihrer Führung sicher fühlt. Ihre souveräne und ausgeglichene Führungsart legt den Grundstein für Grenzen und Freiräume, die Ihr Hund für seinen Ausgleich benötigt.

Test 2

Bewertung und Auflösung

0 bis 7 Punkte:

Wie empfehlen Ihnen, sich den Ratgeber noch einmal vorzunehmen, denn Sie haben noch nicht den geeigneten Erziehungsstil gefunden. Mal versuchen Sie es mit Strenge, dann wieder mit zu viel Toleranz. Der Hund weiß nie genau, woran er bei Ihnen ist. Diese Verunsicherung führt zu Hilflosigkeit und mangelnder Orientierung an Ihnen. Der Hund muss seine arttypischen Verhaltensweisen in menschlicher Umgebung ohne Ihre Hilfe austesten, um den richtigen Weg zu finden. Das kann schiefgehen! Versuchen Sie einfach, konsequenter zu sein und somit für Ihr vierbeiniges Familienmitglied berechenbarer zu werden.

8 bis 14 Punkte

Sie nehmen die Erziehung des Hundes ernst. Ihr Verhältnis zu Ihrem Vierbeiner ist für ihn aber nicht immer eindeutig. Dies führt zu Verunsicherung und das wiederum zu Frust auf beiden Seiten. Dadurch entstehen Reibungen, weil es kein harmonisches Miteinander gibt. Zu einer guten Beziehung gehört, dass man sich auf den anderen verlassen kann. Je berechenbarer Sie für Ihren Hund sind, umso mehr kann er Ihnen vertrauen. Ihr Hund ist Teil der Familie, und die benötigt Regeln und Freiräume. Versuchen Sie, ein entspannteres Verhältnis zu Ihrem Schwanz wedelnden Liebling zu entwickeln.

15 bis 20 Punkte

Sie sind ein guter Rudelführer, weil Sie Ihren Hund als Individuum ernst nehmen, seine Grenzen und Freiräume kennen und vermitteln können. Sie geben die Regeln vor, lassen aber auch Spielraum für Erfahrungen. Erwünschtes Verhalten wird bestärkt und unerwünschtes ausgebremst. Aus diesem Grund erkennt Sie Ihr Hund als »Leitwolf« an und kann sich an Ihnen orientieren. Sie hingegen haben ein gutes Gespür für die individuellen Bedürfnisse Ihres Hundes und sind sich Ihrer Verantwortung gegenüber dem Tier und der Umwelt bewusst. Herzlichen Glückwunsch. Und weiter so!

Stichwortverzeichnis

A |

Abrufen 63, 67, 69 f., 104, 124
Abstand 67, 69, 86, 94 f., 99, 113, 123, 152
Abwehr 43 ff., 50, f., 53, 71, 78, 86, 94
Afghanischer Windhund 36
Aggression 16 ff., 21, 46, 49, 52 f., 56, 78, 86, 91 f., 99, 120, 148, 169
Akita 159, 162
Akupunktur 154
Alarm-Geste 46
Allergiker 17 f., 143
American Water Spaniel 34, 163
Anfänger 20, 159
Angriff 43 f., 53
Angst 43, 103, 125, 130, 151
Animation 46, 51
Anschaffung 7, 17 f., 20, 37 f., 94
Anstarren 50, 82
Anti-Bell-Halsband 91
Apportieren 34, 89, 104, 120, 122, 163
Apportierspiele 122
Artgenosse 21, 26, 42 f., 47, 49, 57, 87, 90, 99 ff., 105 f., 108, 115, 120, 152, 156
Aufforderung 10, 16, 45 ff., 63, 65, 69, 71, 106
Auflehnung 62
Aufmerksamkeit 11, 21, 26, 49, 60, 62
Aufsicht 15, 17, 21, 83, 108, 120
Augenkontrolle 145
Augenhöhe 7, 11, 56, 87, 168
Ausbildungshilfsmittel 80, 81, 85
Auslauf 5, 42, 79, 104 f., 107 ff., 115, 133
Australian Terrier 30
Autorität 58, 61 f.,

B |

Baby 15 ff., 61, 158, 166
Badeausflug 125
Balance-Übungen 122
Ball-Junkie 90
BARF 136f., 139
Basenji 31 ,159
Beagle 32, 159 ff.
Befehl 20, 65, 79, 81 f., 86, 101
Begegnungen 5, 49, 51, 53, 91, 101
Begleithund 10 f., 18, 31, 35, 163
Begrenzen 48, 81f., 91, 98 f.
Bellen 16, 43, 45 ff., 73, 101, 118
Belohnung 62 f., 67, 75 f., 81, 84
Berner Sennenhund 29, 159, 162
Bernhardiner 29, 159, 161
Beruhigen 48, 50, 53, 101, 130, 151
Berührung 43, 63, 79, 86
Besänftigen 43, 48
Beschäftigung 65, 88, 93, 111 f., 119 f., 132, 161ff.
beschnuppern 15, 44, 49, 59, 102
beschützen 62, 79
Bestechung 73, 83
Bestrafung 62, 75 f., 84, 118, 167
betteln 23, 26, 87, 113, 115, 169
Beute 75, 82, 86, 90, 93, 104, 113
Bewegungstrieb 75
Bezugsperson 20, 130
Bindung 12, 17, 20, 56, 58 f., 62
Biskuit Ball 112
Bleib 68 f., 71, 100
Blickkontakt 62 f., 82, 113 f.
Bloodhound 43
Blutungen 150 f.
Bobtail 26, 28, 158, 160
Bologneser 11
Boomer Ball 112
Border Collie 23, 28, 84, 160
Borreliose 128, 144
Boxer 42, 159, 162
Bracke 32
Brav 23, 69, 71, 78, 93, 114, 122
Brüllen 52, 71, 99, 107
Bulldogge 35

C |

Charakter 12, 19 f., 22, 25 ff., 58, 75, 94, 106, 113, 133, 162 f.
Chihuahua 11, 159
Chippen 38, 109 f., 128, 130 f.
Chow-Chow 26
Clicker 84 f., 91
Corgis 11

D |

Dachshund 11, 27
Dackel 27, 42, 79, 89, 94, 142, 158
Dalmatiner 26, 32, 159, 162
Deutsche Bracke 32
Deutsche Dogge 13, 161
Deutscher Spitz 31
Dogwalker 108
Dorgis 11
Dosenfutter 139
Dressur 73
Drohung 43,
Dummy 66, 89
Durchsetzen 17, 62, 70, 83, 86, 89

E |

Eingewöhnung 25
Einschläferung 11
Elo 25 f.
Erbkrankheiten 23
Ernährung 7, 82, 134, 136, 138 ff., 146, 148 f.
Ernährungstrieb 72 ff., 83, 88
Erste Hilfe 149
Erstkontakt 17
Erziehungsgeschirr 85 f., 91
EU Heimtierausweis 109, 128
Eurasier 26, 159

F |

Fehlverhalten 61, 68, 91, 106, 164, 168
Fell 142 ff., 161, 163 f.
Fertigfutter 138
Feuerbestattung 156
Fixieren 44, 48, 50, 81
Flöhe 128, 143, 145, 153
Flohmittel 39, 153 f.
Flucht 47, 51, 53, 92, 99
Fordern 44 f., 72, 120 f., 123, 137,
Französische Bulldogge 35, 160, 163
Freiraum 61, 69, 165 f., 169 f.
Fremdkörper 145, 149, 150
Fressen 18, 22, 39, 53, 73, 75, 82, 136 ff., 149, 165, 169
Fressnapf 60
Frust 43, 46, 65, 111, 120, 170
Führleine 86
Führung 25, 58, 80, 94, 101
Futterautomat 112
Futterball 88, 89, 91
Fütterung 132, 136 f., 139 f., 143

G |

Gähnen 45, 49
Gassigehen 104
Gassi-Service 108
Geburt 15
Geduld 19, 56, 65, 69, 103, 111 f., 125, 162
Gehorsam 26, 62, 66, 71, 73, 86, 108, 137, 166
Gerüche 15, 43
Geruchsinn 32
Geschirr 38, 85 ff., 91, 99, 101, 128, 132
Gesellschaftshund 11, 26, 30, 35, 160
Gestik 43, 49, 80
Giftnotruf-Zentrale 151
Golden Retriever 18, 34, 160, 163

Stichwortverzeichnis

Greyhound 36
Großer Münsterländer 33
Großstadt 43, 98, 102
Grundbefehle 20, 65

H

Haare 18, 25, 39, 143
Halsband 38, 80, 91, 99, 110, 128, 132
Halti 87, 91, 140 f.
Haltung 10, 12 f., 16 f., 21, 26 ff., 36, 43 f., 46 ff., 53, 60 f., 67, 75, 78, 82, 84 ff., 93, 101, 106, 118, 125, 133 f., 136, 144 f., 148, 156
Härte 60
Hausleine 79, 86, 91
Hauterkrankung 143
Hautkontakt 43
Havaneser 143, 160, 163
HD 23
Hecheln 103, 150
Herdenschutzhund 12, 26
Hilfsmittel 52, 65, 76, 80 f., 83 ff., 98, 103, 112
Hinterläufe 45 ff., 144
Hitze 127, 131 ff.
Homöopathie 154
Hörzeichen 66 ff., 70 f., 123 f., 142
Hüftdysplasie 23
Hundeauslaufgebiet 42, 105
Hundebisse 52
Hundedecke 128
Hundefriseur 143
Hundeführerschein 10
Hundefutter 136, 138 f.
Hundepension 38, 153
Hundehütte 79
Hundepfeife 84 f.
Hundeschau 13
Hundeschule 42, 51, 149
Hundeshampoo 143
Hundesport 13, 22, 26, 162
Hundesprache 42, 44, 94 f., 106, 169
Hundesteuer 10, 37 f.
Hundestrand 131
Hundetransportbox 128 f., 149
Hundeverhaltenstherapeut 11
Hundezucht 13
Hütehund 26, 28, 101

I

Ignorieren 69, 99, 103, 113, 121, 123, 137
Immunsystem 154
Impfung 23, 38 f., 127, 131, 133, 151, 153

Insektenstich 150
Instinkt 7, 14, 26, 51, 56, 58, 71, 83, 96, 98, 111, 113
Intelligenzspielzeug 104, 112, 121
Irischer Wolfshund 36
Irish Soft Coated Wheaten Terrier 143, 163

J | K

Jack Russel Terrier 26, 108, 159
Jagdhund 13, 23, 26 f., 30 ff., 36, 139
Jagdtrieb 10, 75, 162
Jaulen 43, 45, 47, 146
Jogger 11, 52, 60, 63, 83, 90, 99, 105
Junghund 19 ff., 92
Kangal 23
Katze 14, 58, 77, 92, 98
Kennel Club 13
Kinderzimmer 15, 17, 71, 121,
Knochen 12, 19, 38, 112, 121, 140, 145, 148,
Knurren 16, 43, 45 ff., 92, 107, 158, 165, 167,
Kohlenhydrate 138, 141
Kommando 5, 11, 20 f., 63, 65 ff., 86, 100, 121, 123 f., 165, 167,
Kommunikation 5, 16, 40, 42 ff., 46, 48, 50, 52, 61, 64, 80 f., 86, 92, 95, 120
Kompromisse 54, 164, 167
Konditionierung 84, 118 f., 122, 124
Konflikte 45, 49 f.
Kong 5, 80 f., 83, 85, 87 ff.
Konsequenz 59, 68, 74 ff., 79 f., 167
Kontakt 15 ff., 22, 26, 49 ff.
Kontrolle 13, 17, 52, 61, 65, 69, 86 f., 98, 102, 105, 109, 132, 142, 145 f., 152 f., 164, 168
Konzentration 56, 87, 104, 121 f., 124
Körbchen 38, 77 ff., 92 f., 95, 111, 121
Körperhaltung 47 ff., 75, 82, 86, 106, 148
Körpersignale 5, 15, 44 f., 50, 81, 95
Körpersprache 48, 50, 81 f., 89, 100, 122
Krallen 144, 158
Kräutertherapie 154
Kreislaufversagen 150
Kromfohrländer 161, 163
Kuscheln 53, 78 f., 103, 165

L

Labrador 18, 34, 38, 89, 126, 159, 162
Laufhund 32
Läufigkeit 21

Leckerli 15 f., 37 f., 53, 62 f., 71, 82, 99, 101, 103, 106, 115, 118, 124 f., 136, 141 f., 166
Lefzen 16, 44 ff., 150, 152
Leinenzwang 86, 98, 105
Leishmaniose 128
Leonberger 158
Lernerfolg 81, 91, 124

M

Magendrehung 150
Malteser 11, 161
Markieren 43
Maul 17, 70, 77, 148, 150 ff.
Maulkorb 102 f., 128, 130
Meutetrieb 75, 88
Microchip 109
Mimik 14, 42 ff., 46, 80
Mischling 19, 23, 89, 110
Molosser 12
Mops 11, 35, 42, 159, 161, 163
Motivation 62, 66 f., 70, 72, 83, 88, 91, 99, 121, 124, 139
Münsterländer 33

N | O

Nachwuchs 7, 15 ff., 109, 114, 120, 127, 136
Nährstoffe 138
Nasenarbeit 123
Naturheilkunde 154
Ohren 18, 44 ff., 142, 145, 147, 151 f.
Ohrenkontrolle 145
OP-Kosten-Versicherung 39

P

Parson Russell Terrier 30
Persönlichkeit 10, 22, 58, 61, 66, 93
Pflege 7, 17, 20, 27 ff., 60, 73, 94, 132, 142 ff., 159, 161, 163, 165, 168
Pfoten 11, 18, 43, 46, 78, 123, 125 f., 128, 142, 144 f., 149, 152
Pinscher 29, 159, 161
Platz 11, 15, 18, 52, 67 ff., 71, 77 ff., 86, 94 f., 112, 115, 121
Prägungsphase 20 f., 92, 125
Privilegien 64
Pubertät 20 f., 71
Pudel 18, 35, 108, 143, 159, 163

R

Radfahrer 11, 90, 99, 105
Rangordnung 15 f., 20 f., 58, 60 ff., 78, 94 f., 165
Regeln 21, 25, 59 f., 71, 75, 80

Stichwortverzeichnis

Reize 11, 53, 60, 69, 75, 87 f., 101, 168
Resource 15 f., 60, 71, 86, 90, 94 f., 120, 167
Restaurantbesuch 113 ff.
Rollenspiele 120
Rottweiler 159
Rücksicht 52, 56, 104, 106, 126, 132, 154
Rückzugsgebiet 16, 77 f.
Rüde 21, 24 f., 108, 110, 133
Rudel 15 f., 43, 69, 79, 82, 93, 95, 107 f., 111, 114, 132
Rudelführer 5, 7, 53, 60, 75, 98, 107 ff., 164 f., 167 ff.
Ruheplatz 18, 60, 77 f.
Rute (siehe auch Schwanz) 44 ff., 144

S

Samojede 26
Sanktionen 60, 62, 131
Schäferhund 23, 28, 42, 142
Schleppleine 69, 86, 91, 106
Schmatzen 45, 49 f.
Schnoodle 18
Schnauze 16, 22, 50, 93, 103, 106, 111 f., 126, 152
Schnauzer 18, 29
Schnuppern 51, 100, 103, 115
Schutz 28, 63, 103, 127, 143
Schwächen 60, 95, 146
Schwangerschaft 15
Schwanz (siehe auch Rute) 18, 98, 147, 170
Schweißhund 32
Schwimmen 89, 125 f., 131
Senior 22, 138
Sicherheit 7, 22, 56, 58 f., 80, 85 f., 91, 98, 129, 136, 152
Sichtzeichen 66, 70
Signale 7, 16, 40, 42 ff., 48 ff., 67 f., 71, 76, 82, 147
Sitz 11, 22, 52, 65 ff., 71, 73, 82, 100, 101, 121
Sitzübung 66, 68
Sofa 15, 25, 60, 79, 95, 111
Souveränität 58, 60
Sozialverhalten 14, 120
Spaniel 13, 34, 163
Spaß 116, 119 f., 122, 124, 133, 136
Spaziergang 98, 103, 108, 110, 115, 120, 124
Spielaufforderungen 10, 16, 46 f., 106
Spielkamerad 14, 60, 93, 104
Spielpartner 63, 108, 119
Spielplatz 60, 113, 127
Spielregeln 93, 118 f.
Spieltrieb 74 f., 88
Spielzeug 16, 18 f., 22, 38, 60, 71, 73, 76, 86, 88, 90, 93, 95, 99, 112, 115, 123 f.
Spitz 31
Spot-On-Präparate 143
Sprache 7, 37, 42 f., 49, 51, 53, 58, 80, 82, 106, 155
Spray und Sprühmittel 91
Steh 11
Stimme 64, 81 f., 84
Stöberhund 34
Straßenverkehr 52, 100
Streicheleinheiten 152
Streicheln 51, 59, 63, 82, 93, 102, 118
Strukturen 17, 25, 52, 80, 168 f.
Stubenreinheit 19 f.
Stuff a Ball 112
Such- und Nasenarbeit 123
Suchspiel 22, 63, 75, 83, 101, 119, 132
Symbolik 43

T

TASSO e.V. 109 f.
Tauschgeschäft 70, 88 f., 122
Tchiorny Terrier 29
Temperament 93 f.
Terrier 30
Territorial 25 f., 78 f., 94, 101, 115
Territorium 56
Tierarzt 11, 24, 38, 84, 93 f., 109, 127 f., 133, 142 ff., 149 ff., 155 ff.
Tierarztkosten 38 f., 52
Tierbestatter 156
Tierfriedhof 155 f.
Tierheilpraktiker 109, 143 f., 153
Tierheim 24, 37, 93, 109, 156
Tierschutzgesetz 81
Training 7, 10, 62 f., 65, 68 ff., 76, 78, 81, 83, 86, 114, 120, 125, 137
Trainingshappen 141
Trainingshilfsmittel 65, 76, 80 f., 83, 85, 87 f., 91, 98, 103
Trainingsleine 86
Trauer 155, 157
Treibhund 12, 28
Treppe 19
Trieb 75, 83, 88 f., 91
Trockenfutter 88, 136 ff.
Tunnelspiel 124
Two-Tone-Pfeife 84

U

Übungen 7, 11, 65, 69 f., 89, 122
Unterwolle 30 f., 142 f.
Urhund 12
Urin 18, 43, 56
Urlaub 13, 24, 38, 103, 127 ff.

V

VDH 13, 23
Verantwortung 7, 14, 17, 19, 37, 60, 68, 83 f., 105, 126, 133, 136
Verbrennungen 148, 151, 157
Vergiftung 149, 151
Verhalten 7, 11, 48, 53, 61, 76, 83
Verknüpfen 46, 65 f., 73, 78, 112
Verteidigung 10, 43, 46, 71, 114
Vertrauen 10, 56, 59, 64 f., 71, 81 f., 108, 118, 120, 152
Vitamine 138 ff.
Vorderläufe 45 f., 144
Vorstehhund 33
Vorteile 17, 60, 62, 79, 81, 83, 93

W

Wachhund 12, 30
Warnung 12, 45
Wasserhund 34, 125, 163
Wassernapf 111, 115, 136
Weimaraner 33
Welpe 19 f., 22 ff., 56, 59, 83
Welpenalter 14, 20, 25, 125
Welpenhandel 24
Wiederholungen 48, 65 ff., 74, 87, 123
Windhund 36
Windspiele 11, 155
Winseln 43, 45, 146, 148, 159
Wolfskralle 144
Wurf 23, 82, 122, 124
Wurmkur 23, 39, 154

Y | Z

Yorkshire Terrier 30, 159
Zähne 16, 22, 45, 53, 90, 138 f., 141 f., 145 f., 148, 153
Zahnpflege 145
Zecken 39, 128, 143 ff., 153
Zeckenmittel 39, 153 f.
Zerrspiel 17, 120
Züchter 18, 22 f., 25, 59, 84, 110
Zuchtverein 13, 110
Zuneigung 64, 72, 88
Zusammengehörigkeitsgefühl 63
Zweithund 93 f.

Über die Autoren

»Wir«, damit sind im Buch die Autoren Enrico Lombardi und Thomas Böhm gemeint.

Enrico Lombardi ist Hundetrainer, Sachverständiger und Dozent. Seine Arbeit mit Hunden begann er im militärischen Dienst als Ausbilder von Sprengstoffsuch- und Rauschgiftspürhunden. Vor über zehn Jahren gründete er dann das DogCoach Institut. In seinem Institut werden Hundebesitzer beraten sowie Hundetrainer, Hundebetreuer und Therapiehunde ausgebildet. Gleichzeitig ist Enrico Lombardi als Gutachter für den Berliner Senat tätig. Zahlreiche Medienauftritte, beispielsweise im ZDF und bei RTL, dokumentierten bereits Enrico Lombardis Arbeit als Hundetrainer oder Gutachter.

Thomas Böhm arbeitet seit vielen Jahren als Autor und Kolumnist für verschiedene Zeitungen und Magazine. In den drei Jahren, in denen er in Portugal für den Tierschutz arbeitete, konnte er zahlreiche Erfahrungen mit wild lebenden Hunden sammeln. Er hat ihr Verhalten und ihre Sprache studiert und bei seiner Rückkehr nach Berlin eine Hündin in den Armen gehabt. Shiva heißt sie, und sie ist ein Star in Berlin: Als »Chefin« der Online-Hunde-Illustrierten »Tausend Tölen« und als Heldin einer täglich erscheinenden Kolumne in einer großen Boulevardzeitung ist sie in Deutschlands Hauptstadt bekannt wie der sprichwörtliche bunte Hund. Die Erlebnisse mit Shiva sind in der Edition Pax et Bonum unter dem Titel »Herrchen hüpf« erschienen.

Hinweis

Die in diesem Buch empfohlenen Methoden und Übungen beruhen auf langjährigen Erfahrungen der Autoren und wurden nach bestem Wissen und Gewissen sorgfältig verfasst. Da jeder Mensch und jeder Hund unterschiedlich reagiert, müssen Hundehalter bei den Übungen verantwortungsbewusst handeln und besonders beim Umgang mit Kindern größte Sorgfalt walten lassen. Sollten dennoch unerwartete Zwischenfälle eintreten, übernehmen weder Verlag noch Autoren die Haftung für etwaige Personen-, Sach- oder Vermögensschäden.

Impressum

Bildnachweis

animals-digital/Th. Brodmann: 4ol, 30l
Archiv Boiselle/Ulrich Neddens: 34m
Archiv Boiselle: 40/41, 81, 119, 164
blickwinkel/B. Rainer: 129
C. Heusler/Arco Images GmbH: 168
CallalooAlexis - Fotolia.com: 113
E. Zueger/Arco Images GmbH: 133
fxegs - Fotolia.com: 92
Galina Barskaya - Fotolia.com: 165
Getty images/Jean Michel Foujols: 131
iofoto - Fotolia.com: 158
Jonnysek - Fotolia.com: 79
Juniors/B. Brinkmann: 32m, 34l
Juniors/H. Erdmann: 32l
Juniors Bildarchiv: 1, 4ul, 4ur, 4or, 19, 27, 28l, 28m, 29l, 29m, 31m, 32r, 34r, 35l, 35m, 36l, 36r, 61, 96/97, 105, 107, 116/117, 130, 134/135, 136, 154, 162, 163, 166
Krämer: 31l
Marcel Sarközi - Fotolia.com: 142
Marzanna Syncerz - Fotolia.com: 14
micromonkey - Fotolia.com: 2/3, 54/55
moodboard - Fotolia.com: 114
Naty Strawberry - Fotolia.com: 161
NPL/Arco Images GmbH: 126
P. Wegner/Arco Images GmbH: 6, 15
palomita0306 - Fotolia.com: 11
pp76 - Fotolia.com: 39
Schanz: 30r
Sergej Khackimullin - Fotolia.com: 8/9
Slominski: 21, 22, 28r, 30m, 31r, 43-49, 52, 56, 57, 127, 150, 152, 155, 174
sonya etchison - Fotolia.com: 170
Thomas Francois - Fotolia.com: 138
Tino Hemmann - Fotolia.com: 160
Tollkühn: 13, 17, 23, 24, 33, 35r, 36m, 50, 51, 63-77, 83-89, 95, 99-102, 109-112, 115, 121-125, 140, 144-149, 153, 157
Wildcat - Fotolia.com: 10
www.russian-pearl.de: 29r

Bibliografische Information der Deutschen Nationalbibliothek

Die Deutsche Nationalbibliothek verzeichnet diese Publikation in der Deutschen Nationalbibliografie; detaillierte bibliografische Daten sind im Internet über http://dnb.d-nb.de abrufbar.

BLV Buchverlag GmbH & Co. KG
80797 München

© 2012 BLV Buchverlag GmbH & Co. KG, München

Das Werk einschließlich aller seiner Teile ist urheberrechtlich geschützt. Jede Verwertung außerhalb der engen Grenzen des Urheberrechtsgesetzes ist ohne Zustimmung des Verlags unzulässig und strafbar. Das gilt insbesondere für Vervielfältigungen, Übersetzungen, Mikroverfilmungen und die Einspeicherung und Verarbeitung in elektronischen Systemen.

Umschlagkonzeption: Kochan & Partner, München
Umschlagfotos:
Vorderseite: Mauritius Images
Rückseite: P. Wegner/Arco Images GmbH

Lektorat: Dr. Friedrich Kögel, Christina Rothe, Christine Klus-Neufanger
Herstellung: Hermann Maxant
Layoutkonzept Innenteil und DTP: griesbeckdesign, München

Gedruckt auf chlorfrei gebleichtem Papier

Printed in Germany

ISBN 978-3-8354-0808-1

Sanft und natürlich behandeln

Kaja Kreiselmeier
Schüßler-Salze für Hunde
Schüßler-Salze, ein Trendthema unter den alternativen Heilmethoden, jetzt für Hunde · Die 12 Schüßler-Hauptsalze und 15 Ergänzungssalze: Wirkung und Anwendung · Krankheits- und Symptomverzeichnis mit den jeweils angezeigten Salzen.
ISBN 978-3-8354-0859-3